· 网络空间安全技术丛书 ·

开发者的Web安全戒律

真实威胁与防御实践

Web Security for Developers

[美] 马尔科姆·麦克唐纳（Malcolm McDonald）著

贾玉彬 侯亮 译

机械工业出版社

China Machine Press

图书在版编目（CIP）数据

开发者的 Web 安全戒律：真实威胁与防御实践 /（美）马尔科姆·麦克唐纳（Malcolm McDonald）著；贾玉彬，侯亮译 . -- 北京：机械工业出版社，2022.7
（网络空间安全技术丛书）
书名原文：Web Security for Developers
ISBN 978-7-111-71033-2

I. ①开… II. ①马… ②贾… ③侯… III. ①计算机网络 - 网络安全 IV. ① TP393.08

中国版本图书馆 CIP 数据核字（2022）第 103687 号

北京市版权局著作权合同登记　图字：01-2021-3394 号。

开发者的 Web 安全戒律：真实威胁与防御实践

出版发行：机械工业出版社（北京市西城区百万庄大街 22 号　邮政编码：100037）	
责任编辑：赵亮宇	责任校对：殷　虹
印　　刷：北京铭成印刷有限公司	版　　次：2022 年 8 月第 1 版第 1 次印刷
开　　本：186mm×240mm　1/16	印　　张：12
书　　号：ISBN 978-7-111-71033-2	定　　价：79.00 元

客服电话：（010）88361066　88379833　68326294	投稿热线：（010）88379604
华章网站：www.hzbook.com	读者信箱：hzjsj@hzbook.com

版权所有·侵权必究
封底无防伪标均为盗版

译 者 序

互联网上有各种有价值的信息，保护互联网安全是一项艰巨的任务。Web 应用发布后立即为数百万用户所使用，这其中也包括大量具有不良意图的"用户"。面对这种情况，Web 开发人员应该在开发过程中时刻注意安全方面的考量。

本书内容浅显易懂，覆盖了在 Web 开发过程中需要注意的各种安全问题，分享了典型 Web 漏洞，给出了保护 Web 应用需要遵循的最佳实践；在内容安排上由浅入深，帮助读者系统地学习和理解 Web 开发安全知识。近几年，从欧美到国内都出现了一批针对开发安全的初创公司，SecDevOps（安全、开发、运营）的概念也得到了广泛传播。开发安全（Web 开发是软件开发中的重要组成部分）变得越来越重要。好好学习本书的内容，你一定会受益匪浅。本书的最后一章还总结了 Web 安全的 21 条戒律，可以帮助你记住每章的关键内容。按照这些简单的步骤进行操作，你的 Web 应用被黑客入侵的可能性将接近于零。

本书作者具有丰富的 Web 开发经验和培训经验，本书是他 20 多年宝贵经验的结晶，非常值得仔细阅读和借鉴。

侯亮先生作为本书的合译者，具有丰富的网络安全攻防经验，提供了宝贵的专业支持，在此深表感谢。

感谢上海碳泽信息科技有限公司 Web 开发团队的大力支持。

没有网络安全就没有国家安全。最后，让我们一起努力为祖国的网络安全行业添砖加瓦，创造更安全的未来！

贾玉彬

前　言

互联网是一个"疯狂"的地方。人们很容易有这样的印象——互联网是由网络专家精心设计的，并且一切都做得很好。实际上，互联网的发展是迅速而随意的，我们今天在互联网上所做的事情远远超出了互联网发明者的想象。

正因如此，保护互联网安全是一项艰巨的任务。网站是一种独特的软件形式，它发布后立即为数百万用户所使用，其中包括活跃而积极的黑客社区。大公司通常会遇到安全问题，几乎每周都会公布新的数据泄露事件。面对这种情况，无助的Web 开发人员应该如何保护自己呢？

关于本书

Web 安全的一个大秘密是——Web 漏洞的数量实际上很少（巧合的是，它们可以容纳在一本书中），并且这些漏洞每年变化不大。本书将告诉你需要了解的每一个关键威胁，并且分解保护网站所需要采取的实际步骤。

这本书适合谁

如果你是刚开始进行 Web 开发，那么这本书将是你的理想指南。无论你是刚刚从计算机科学专业毕业，还是自学成才的新手，我都建议你仔细阅读本书。本书中的所有内容都是必不可少的，并且通过最清晰的示例以最直接的方式进行了解释。现在就为即将面临的威胁做好充分的准备，这将会为你省去很多麻烦。

如果你是一位有经验的程序员，本书对你来说也是有用的。通过学习安全知识，你始终可以从中受益，因此，尝试使用本书来填补你可能遇到的空白。把它当作一本参考书，并深入阅读你感兴趣的章节。没有人能掌握所有的知识，经验丰富的程序员更有责任以身作则，领导好团队，对于 Web 开发人员来讲，这意味着需要遵循最佳安全实践。

你会注意到，本书并没有特定于某一种编程语言（尽管我会根据需要为主流语言提供各种安全建议）。无论你选择哪种编程语言，对 Web 安全的良好理解都将使你受益。许多程序员在他们的职业生涯中会使用多种语言，因此学习 Web 安全的原理比过于关注单个语言类库要更好。

互联网简史

在开始介绍本书的内容之前，回顾一下互联网如何发展到当前状态将非常有用。许多聪明的工程师为互联网的爆炸式增长做出了贡献，但是和大多数软件项目一样，在添加功能时，在安全方面的考虑往往不够。了解安全漏洞是如何产生的将为你提供修复它们所需的相关知识。

万维网（World Wide Web）是蒂姆·伯纳斯 – 李（Tim Berners-Lee）在欧洲核子研究中心（CERN）工作时发明的。在欧洲核子研究中心进行的研究包括将亚原子颗粒粉碎在一起，希望它们会分裂成更小的亚原子颗粒，从而揭示宇宙的基本结构，但这种研究可能会在地球上造成黑洞。

蒂姆·伯纳斯 – 李显然对实现宇宙终结不感兴趣，他在欧洲核子研究中心工作期间发明了我们今天所知的互联网——作为大学间共享研究结果的一种手段。他发明了第一个 Web 浏览器和第一个 Web 服务器，并发明了超文本标记语言（HTML）和超文本传输协议（HTTP）。世界上第一个网站于 1993 年上线。

早期的网页只支持文本格式。第一款能够显示嵌入图像的浏览器是美国国家超级计算应用中心（National Center for Supercomputing Applications）开发的 Mosaic。Mosaic 的开发者最终加入了 Netscape Communications 公司，帮助开发了 Netscape Navigator，这是第一款广泛使用的 Web 浏览器。在早期的 Web 中，大多数页面都是静态的，传输流量没有加密。那是一个简朴的时代！

浏览器中的脚本

快进到 1995 年，Netscape Communications 公司的 Brendan Eich 花 10 天时间发明了 JavaScript，这是第一种能够嵌入网页的语言。在开发过程中，该语言被称为 Mocha，然后重命名为 LiveScript，然后再次重命名为 JavaScript，最终被正式命名为 ECMAScript。没有人喜欢 ECMAScript 这个名字，尤其是 Eich，他声称这听起来像是一种皮肤病。因此，除了最正式的设置外，程序员都继续将其称为 JavaScript。

JavaScript 的原始版本结合了 Java 编程语言（因此名字中有 Java）的笨拙命名约定、C 语言的结构化编程语法、晦涩的基于原型的 Self 继承以及 Eich 自己设计的噩梦般的类型转换逻辑。不管是好是坏，JavaScript 成了事实上的 Web 浏览器语言。突然间，网页实现了可交互，并且出现了一系列安全漏洞。黑客通过跨站点脚本（XSS）攻击找到了将 JavaScript 代码注入页面的方法，互联网变得更加危险。

新的挑战者入场

Netscape Navigator 的第一个真正竞争对手是微软的 Internet Explorer。Internet Explorer 具有两个竞争优势——它是免费的，并且预先安装在微软的 Windows 系统上。Internet Explorer 迅速成为世界上最受欢迎的浏览器，它的图标成为人们学习浏览网页的"互联网按钮"。

微软试图"拥有"网络，导致它向浏览器引入了 ActiveX 等专有技术。不幸的是，这导致感染用户计算机的病毒（恶意程序）激增。Windows 是计算机病毒的主要攻击目标（现在仍然是），而互联网被证明是一种有效的传播途径。

Internet Explorer 的主导地位在很多年内都没有受到挑战，直到 Mozilla 的 Firefox 发布，然后是 Chrome，这是一款由新兴的搜索初创公司 Google 开发的浏览器。这些新的浏览器加速了互联网标准的发展和创新。然而到目前为止，黑客攻击已经成为一项有利可图的业务，安全漏洞一旦被发现就会迅速被利用。保护浏览器的安全成为厂商的首要任务，网站所有者如果想保护用户，就必须关注最新的安全公告。

编写 HTML 的机器

Web 服务器的发展速度与浏览器技术的一样快。在互联网出现的最初几年，架设网站是学术界的一项小众爱好。大多数大学都使用开源操作系统 Linux。1993 年，Linux 社区实现了公共网关接口（Common Gateway Interface，CGI），允许网站管理员轻松创建由相互链接的静态 HTML 页面组成的网站。

更有趣的是，CGI 允许通过脚本语言（如 Perl 或 PHP）生成 HTML，因此网站所有者可以根据存储在数据库中的内容动态创建页面。PHP 最初是指个人主页（Personal Home Page），当时的目的是让每个人都可以运行自己的 Web 服务器，而不是将所有个人信息上传给一个数据隐私政策有问题的社交媒体巨头。

PHP 普及了模板文件的概念——带有嵌入式处理标签的 HTML，这可以通过 PHP 运行时引擎来提供。动态 PHP 网站（例如 Facebook 的最早版本）在互联网上蓬勃发展。然而，动态服务器代码引入了一类全新的安全漏洞。黑客通过注入攻击在服务器上运行自己的恶意代码，或者通过目录遍历来探索服务器的文件系统。

一系列"管道"

网络技术的不断革新意味着当今的互联网大部分由我们认为的"旧"技术驱动。软件趋于达到足以发挥作用的程度，然后进入"维护"模式，只有在绝对必要时才进行更改。对于需要 24×7 全天候在线的 Web 服务器来说尤其如此。黑客会在互联网上扫描使用较旧技术的易受攻击的站点，因为这类站点经常会出现安全漏洞。我们仍在解决十年前首次发现的安全问题，这就是为什么我在本书中描述了可能影响网站的每个主要安全缺陷。

与此同时，互联网继续以前所未有的速度增长！汽车、门铃、冰箱、灯泡和猫砂托盘等日常设备的互联网化趋势为攻击打开了一个新的载体。连接到物联网的设备越简单，自动更新安全功能的可能性就越小。这引入了大量不安全的互联网节点，为僵尸网络提供了丰富的托管环境，恶意软件代理可以被黑客远程安装和控制。如果你的网站是攻击者的目标，这会给他们提供很大的潜在火力。

VIII

首先要担心什么

Web 开发人员很容易因保护网站过程中所遇到的困难而产生挫败感。不过你应该抱有希望：一群安全研究人员正在勇敢地发现、记录和修复安全缺陷。确保你的网站安全的工具是随时可用和易用的。

了解最常见的安全漏洞，并知道它们是如何被利用的，将保护你的系统免受 99% 的攻击。总是会有一些技术水平极高的对手来攻击你的系统，但是除非你正在运行核反应堆项目，否则这种想法不应该让你夜不能寐。

本书内容

本书分为 18 章。其中第 1 ～ 5 章介绍互联网的工作原理等内容，第 6 ～ 18 章深入研究需要防御的特定漏洞。具体如下：

第 1 章：让我们了解黑客如何入侵一个网站

在本章，你将了解黑客入侵网站有多么容易。这是一件很可怕的事情，所以你买这本书就对了。

第 2 章：互联网的工作原理

互联网的"管道[⊖]"运行在互联网协议（Internet Protocol，IP）上，互联网协议是一系列网络技术，可以使世界各地的计算机无缝通信。我们将了解 TCP、IP 地址、域名和 HTTP，并了解如何在网络上安全地传输数据。

第 3 章：浏览器的工作原理

用户通过浏览器与你的网站进行交互，那里可能有许多安全漏洞。你将学习浏览器如何呈现网页，以及如何在浏览器安全模型中执行 JavaScript 代码。

第 4 章：Web 服务器的工作方式

你为网站编写的大多数代码都将在 Web 服务器环境中运行。Web 服务器是黑客的主要目标。本章介绍它们如何提供静态内容，以及如何使用动态内容（如模板）合并来自数据库和其他系统的数据。你还将学习用于 Web 开发的一些主要编程语言，

⊖　这里的"管道"(tube) 是指连接互联网各个节点之间的通道。——译者注

并回顾每种语言的安全性和注意事项。

第 5 章：程序员的工作方式

本章介绍如何编写网站代码并养成良好的习惯，以减少错误和安全漏洞带来的风险。

第 6 章：注入攻击

你将通过了解可能遇到的最讨厌的威胁之一——黑客注入代码并在你的服务器上执行代码——开始对网站漏洞的研究。当你的代码与 SQL 数据库或操作系统对接时，通常会发生这种情况，或者攻击可能包含注入 Web 服务器进程本身的远程代码。你还将看到黑客如何利用文件上传功能注入恶意脚本。

第 7 章：跨站点脚本攻击

在本章，你将了解用于将恶意 JavaScript 代码"走私"到浏览器环境中的攻击，以及如何防范这些攻击。跨站点脚本有三种不同的方法（存储型、反射型的和基于 DOM），你将学习如何防范每种 XSS 类型攻击的方法。

第 8 章：跨站点请求伪造攻击

你将看到黑客如何使用伪造攻击来诱骗用户执行有害行为。这是互联网上的常见问题，你需要相应地保护你的用户。

第 9 章：破坏身份认证

如果用户注册了你的网站，那么你必须确保他们账户的安全性。你将了解黑客用来绕过登录的各种方法，从暴力破解密码到用户枚举。你还将了解如何在数据库中安全地存储用户账号和密码。

第 10 章：会话劫持

你将看到用户登录后黑客如何对他们的账户进行劫持，并将学习如何编译网站并安全地处理 cookie 以减轻这种风险。

第 11 章：权限

了解如何防止具有恶意的人使用提权来访问网站的禁止区域。特别是你在 URL 中引用文件时，黑客将尝试使用目录遍历来浏览文件系统。

第 12 章：信息泄露

网站泄露的信息可能会导致其他漏洞出现。本章将告诉你如何应对这种情况。

第 13 章：加密

本章介绍如何正确使用加密，并解释为什么加密在互联网上很重要。你需要具备一些简单的数学知识。

第 14 章：第三方代码

你将学习如何管理他人代码中的漏洞。你运行的大多数代码都将由其他人编写，并且你应该知道如何保护它！

第 15 章：XML 攻击

你的 Web 服务器可能会解析 XML，并且可能容易受到本章所述的各种攻击。在过去的几十年中，XML 一直是黑客攻击中持续流行的攻击媒介，所以请当心！

第 16 章：不要成为帮凶

如本章所述，你可能无意间充当了对他人进行黑客攻击的帮凶。一定要堵住这些安全漏洞，做一个好的互联网公民。

第 17 章：拒绝服务攻击

在本章中，我将向你展示拒绝服务攻击（DoS）如何操纵大规模的网络流量使你的网站宕机。

第 18 章：总结

最后一章是一个备忘录，帮你回顾在本书中学到的安全相关的关键要素，并概括你在考虑安全性时应该使用的高级原则。

关于作者

    马尔科姆·麦克唐纳（Malcolm McDonald）是 hacksplaining.com 的创建者，该网站是互联网上最流行的 Web 开发安全培训资源网站之一。他花了二十年的时间为金融公司和初创企业编写代码，并借鉴领导团队的经验，编写了有关安全漏洞以及如何防范它们的简单易懂的教程。他和妻子以及他的猫一起生活在加利福尼亚的奥克兰。

关于技术审校

  自 Commodore PET 和 VIC-20 诞生以来，Cliff Janzen 就一直与技术为伴（有时甚至是痴迷）。Cliff 认为非常荣幸能和一些业内最优秀的人（例如本书作者和 No Starch 的专家）合作，并有机会向他们学习。Cliff 在工作中花费了大量时间来管理和指导一支优秀的安全专业团队，通过从安全策略审查到渗透测试的所有工作，努力使自己与技术为伍。他感到很幸运，因为他的职业也是他最大的爱好，并且妻子也支持他。

致　谢

我要感谢 No Starch 出版社所有将我的文字"变成"某种可读形式的人：Katrina、Laurel、Barbara、Dapinder、Meg、Liz、Matthew、Annie、Jan、Tyler 和 Bill。多亏了我的同事 Dmitri、Adrian、Dan、JJ、Pallavi、Mariam、Rachel、Meredith、Zo 和 Charlotte 不断追问"书写完了吗？"感谢 Hilary 对第 1 章的校对！感谢 NetSparker 的 Robert Abela 帮忙架设好网站。我非常感谢所有在网站上指出书中错别字的人，你们是真正的英雄：Vinney、Jeremy、Cornel、Johannes、Devui、Connor、Ronans、Heath、Trung、Derek、Stuart、Tim、Jason、Scott、Daniel、Lanhowe、Bojan、Cody、Pravin、Gaurang、Adrik、Roman、Markus、Tommy、Daria、David、T、Alli、Cry0genic、Omar、Zeb、Sergey、Evans 和 Marc。感谢妈妈和爸爸终于意识到，因为我写了一本书，我的工作就变得更有意义，而不仅仅是"用计算机做事"。感谢我的兄弟 Scott 和 Ali，他们都很出色，拥有博士学位，但很遗憾他们并没有著作。最后要感谢我的妻子 Monica，她在我写作的过程中一直非常耐心地支持我。感谢我的猫 Haggis 大部分时间都远离键盘，只是偶尔在沙发上发呆。

目　　录

第 1 章

让我们了解黑客如何入侵一个网站

本书将教你成为高效 Web 开发人员所需的基本安全知识。在开始之前,我们先进行一个有用的练习,以了解黑客如何攻击网站。让我们置身于攻防对抗之中,看看要面对的是什么。本章将向你展示黑客的工作方式以及进行攻击是多么容易。

1.1 软件漏洞和暗网

黑客善于利用网站等软件中的安全漏洞。在黑客社区,演示如何利用安全漏洞的代码片段称为漏洞利用(exploit)。一些黑客——通常被称为"白帽黑客"——为了好玩而试图发现安全漏洞,他们会在将漏洞公之于众之前通知软件厂商和网站所有者。这样的黑客通常会因此获得经济上的奖励。

负责任的软件厂商会试图尽快为零日(zero-day)漏洞(发布不到一天或完全未发布的漏洞)制作补丁。但是,即使软件厂商发布了用来修复软件漏洞的补丁程序,该漏洞软件的许多实例仍会在一段时间内处于未打补丁的状态。

不太讲道德的黑帽黑客(black hat)会囤积漏洞,并最大限度地利用漏洞的时间窗口,甚至会在黑市上出售漏洞利用代码以获取比特币。在当今的互联网上,漏洞利用会迅速被武器化,并融入黑客社区广泛使用的命令行工具中。

对于使用这些攻击工具的黑帽黑客来说,有着坚实的经济诱因。被盗信用卡的详细信息、用户凭证以及很多零日漏洞都可以在暗网买到,这些网站只能通过特殊的网络节点匿名访问。如图 1-1 所示,在暗网中有很多被盗信息和被控制的服务器在出售。

图 1-1　你好，我想买一些被盗的信用卡号码，因为你显然是一名高级黑客，
而不是一名在暗网进行调查的 FIB 特工

可以利用最新漏洞的黑客工具很多是免费提供的并且很容易上手。你甚至不必访问暗网，因为互联网搜索引擎（例如谷歌）上也能找到你所需要的一切。让我们看看如何实现。

1.2　黑客如何攻击网站

黑客进行攻击非常容易。方法如下：

1）在网上搜索 Kali Linux 并下载。Kali Linux 是专门为黑客构建的 Linux 操作系统。它预先安装了 600 多种安全和黑客攻击工具。Kali Linux 是完全免费的，由 Offensive Security 的一小队专业安全研究人员维护。

2）在计算机上安装虚拟容器。虚拟容器是允许你在计算机上安装其他操作系统而不会覆盖当前操作系统的主机环境。Oracle 的 VirtualBox 是免费的，可以安装在 Windows、macOS 或 Linux 上。这将使你无须过多配置即可在计算机上运行 Kali Linux。

3）在容器中安装 Kali Linux。下载并双击安装程序以开始安装。

4）启动 Kali Linux 并打开 Metasploit framework。如图 1-2 所示，Metasploit 是非常受欢迎的命令行工具，可以用于测试网站的安全性和检测漏洞。

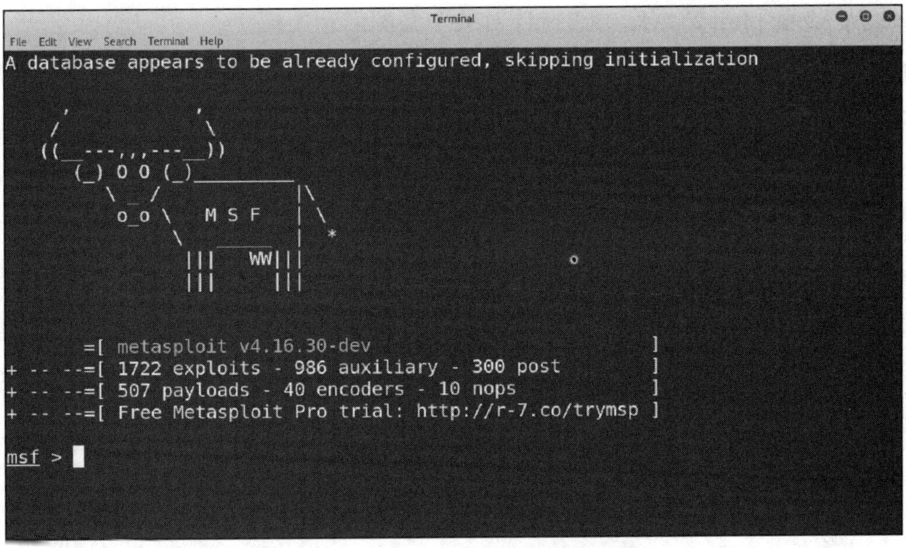

图 1-2　熟练掌握和使用 MSF 就可以进行黑客攻击

5）在 Metasploit 命令行中针对一个目标网站运行 wmap 实用程序，然后看看可以检测到哪些漏洞。输出应类似于图 1-3。wmap 实用程序将扫描一系列 URL，以测试 Web 服务器是否存在安全漏洞。请确保只对你自己的网站运行该实用程序！

图 1-3　黑客攻击事件很快就会被执法部门调查

6）从 Metasploit 数据库中选择针对某个漏洞的利用模块。

此时，我们将停止介绍黑客攻击的步骤，因为要点已经很明显：开始入侵网站真的很容易！真实世界的黑客使用 Metasploit 和 Kali Linux，并且可以在几分钟内完成设置。他们不需要使用任何特定的专业知识，但是他们擅长识别网站中的漏洞并加以利用。

这就是当今 Web 开发人员正在面对的现实。拥有互联网连接的任何人都可以使用我们建立的网站，也可以使用针对这些网站的黑客工具。不过不要惊慌！到本书结尾，你（希望如此）对安全的了解将与黑客一样多，并为防御黑客攻击你的网站做充分的准备。那么，让我们开始讨论互联网协议套件的组成部分吧。

第 2 章

互联网的工作原理

想要成为网络安全方面的专家，你需要牢牢掌握互联网的底层网络技术和协议。本章将介绍互联网协议套件，它规定了计算机如何通过互联网交换数据。你还将了解有状态连接和加密，它们是现代互联网的关键元素。我将重点介绍在此过程中容易出现安全漏洞的地方。

2.1　互联网协议套件

在互联网发展的早期，数据交换并不可靠。通过互联网的前身——美国国防部高级研究计划署网络（ARPANET）发送的第一条信息是一个登录（LOGIN）命令，目的地是斯坦福大学的一台远程计算机。网络发送了前两个字母 LO，然后崩溃了。这对美国军方来说是个问题，当时他们正在寻找一种连接远程计算机的方法，这样即使苏联的核打击使网络的各个部分离线，他们也可以继续交换信息。

为了解决这个问题，网络工程师开发了传输控制协议（TCP），以确保计算机之间可靠地交换信息。TCP 是大约 20 种网络协议之一，这些网络协议统称为互联网协议套件。当一台计算机通过 TCP 将消息发送到另一台计算机时，该消息被拆分为数据包，这些数据包将通过目的地址发送到最终目的地。组成互联网的计算机将每个数据包都推向目的地，而不必处理整个消息。

接收方计算机接收到数据包后，便会根据每个数据包上的序列号将它们重新组合成可用的顺序。接收方每次收到数据包时，都会发送一个收据。如果接收方未能确认收到数据包，那么发送方可能会使用其他网络路径重新发送该数据包。通过这种方式，TCP 允许计算机通过预期不可靠的网络来传输数据。

随着互联网的发展，TCP 得到了显著的改进。现在发送的数据包带有校验和，允许接收方检测数据是否损坏并确定是否需要重新发送数据包。发送方还可以根据数据的消耗速度预先调整发送数据的速率。（互联网服务器通常比接收其消息的客户端功能强大，因此需要注意客户端的处理能力。）

注意： 由于 TCP 的传输保证机制，它仍然是最常用的协议，但是现在互联网也使用了其他几种协议。例如，用户数据报协议（UDP）是一种较新的协议，该协议有意允许丢弃数据包，以便可以以恒定速率传输数据。UDP 通常用于流式实时视频，因为当网络拥塞时，使用者宁愿丢弃一些帧也不愿意延迟其传输。

2.1.1　IP 地址

互联网上的数据包被发送到互联网协议（IP）地址，即分配给连接互联网的单个计算机的号码，每个 IP 地址必须唯一。

最高级别的互联网名称和号码分配机构（ICANN）将 IP 地址块分配给区域授权机构。这些区域授权机构随后将地址段授予其区域内的互联网服务提供商（ISP）和主机托管公司。当你通过浏览器连接到互联网时，ISP 会为你的计算机分配一个 IP 地址，该 IP 地址会保持几个月不变（ISP 倾向于定期为客户端轮换 IP 地址）。类似地，在互联网上托管内容的公司也将为其连接到网络的每台服务器分配一个 IP 地址。

IP 地址是二进制数，通常用 IP 版本 4（IPv4）语法编写，有 2^{32}（4 294 967 296）个地址。例如，谷歌的域名服务器的地址是 8.8.8.8。因为 IPv4 地址正在以一种不可持续的速度被消耗，所以互联网正在转向 IP 版本 6（IPv6）地址，以允许更多的设备进行连接，用八组 4 个十六进制数字表示，每组数字用冒号分隔（例如，2001:0db8:0000:0042:0000:8a2e:0370:7334）。

2.1.2　域名系统

浏览器和其他连接互联网的软件可以识别并将流量路由到 IP 地址，但 IP 地址对人类来说并不是特别容易记住。为了使网站地址对用户更友好，我们使用一个名为域名系统（DNS）的全局目录来翻译成人类可读的域名，如 example.com 网站翻译成 IP 地址是 93.184.216.119。域名只是 IP 地址的占位符。域名和 IP 地址一样，都是唯一的，在使用前必须向域名管理机构注册。

当第一次在浏览器中输入域名时，它们会使用本地域名服务器（通常由 ISP 托管）进行查找，然后缓存结果，避免将来进行耗时的查找。这种缓存行为意味着新域名或对现有域名的更改需要一段时间才能在互联网上传播。传播的确切时间由生存时间（TTL）变量控制，该变量在 DNS 记录上设置，并指示 DNS 缓存应该何时让记录过期。DNS 缓存带来了一种称为 DNS 投毒的攻击，即故意破坏本地 DNS 缓存，以便将数据路由到攻击者控制的服务器。

域名服务器除了返回特定域的 IP 地址外，还保存可通过规范名称（CNAME）记录描述域别名的记录，该记录允许多个域名指向同一 IP 地址。DNS 还可以通过使用邮件交换（MX）记录来路由电子邮件。我们将在第 16 章中研究 DNS 记录如何用来对抗垃圾邮件。

2.2　应用层协议

两台计算机可以通过 TCP 在互联网上可靠地交换数据，但 TCP 没有规定如何解析发送的数据。为此，两台计算机都需要同意通过套件中另一个更高级别的协议交换信息。建立在 TCP（或 UDP）之上的协议称为应用层协议。图 2-1 说明了应用层协议在互联网协议套件中的位置。

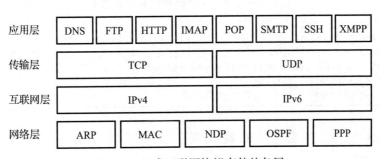

图 2-1　组成互联网协议套件的各层

互联网协议套件的底层协议提供了网络上的基本数据路由，而应用层的高级协议为应用程序交换数据提供了更多的结构。许多类型的应用程序使用 TCP 作为互联网上的传输机制。例如，使用简单邮件传输协议（SMTP）发送电子邮件，即时消息软件通常使用可扩展消息和状态协议（XMPP），文件服务器通过文件传输协议（FTP）进行上传和下载，而 Web 服务器使用超文本传输协议（HTTP）。因为 Web 是本书的重点，所以我们需要更详细地了解 HTTP。

Web 服务器使用 HTTP 将网页及其资源传输到用户代理（例如 Web 浏览器）。在HTTP 会话中，用户代理生成对特定资源的请求。预期这些请求的 Web 服务器将返回包含所请求资源的响应，或者返回错误代码（如果无法满足该请求）。HTTP 请求和响应都是纯文本消息，尽管它们通常以压缩和加密的形式发送。本书介绍的所有漏洞利用都以某种方式使用 HTTP，因此值得详细了解组成 HTTP 会话的请求和响应的工作原理。

1. HTTP 请求

浏览器发送的 HTTP 请求包含以下元素：

❑ **Method（方法）** 也称为动词，它描述了用户代理希望服务器执行的操作。

❑ **Universal Resource Locator（URL，统一资源定位器）** 描述了将要操作或获取的资源。

❑ **Header（标头）** 提供元数据，例如用户代理所期望的内容类型或是否接受经过压缩的响应。

❑ **Body（响应正文）** 此可选组件包含需要发送到服务器的所有其他数据。

代码清单 2-1 中显示了一个 HTTP 请求。

代码清单 2-1　一个简单的 HTTP 请求

```
GET❶ http://example.com/❷
❸ User-Agent: Mozilla/5.0 (Macintosh; Intel Mac OS X 10_13_6)
AppleWebKit/537.36 (KHTML, like Gecko) Chrome/67.0.3396.99 Safari/537.36
❹ Accept: text/html,application/xhtml+xml,application/xml; */*
Accept-Encoding: gzip, deflate
Accept-Language: en-GB,en-US;q=0.9,en;q=0.8
```

方法（这里是 GET）❶ 和 URL❷ 出现在第一行。在单独的行上紧跟着 HTTP 标头。用户代理（User-Agent）标头 ❸ 告诉网站发出请求的浏览器类型。Accept 标

头 ❹ 告诉网站浏览器期望的内容类型。

使用 GET 方法的请求（简称为 GET 请求）是互联网上最常见的请求类型。GET 请求在 Web 服务器上获取由特定 URL 标识的特定资源。对 GET 请求的响应将包含一个资源：可能是网页或图像，甚至是搜索请求的结果。代码清单 2-1 中的示例请求表示尝试加载 example.com 主页，是当用户在浏览器的导航栏中输入 example.com 时生成的。

如果浏览器需要将信息发送到服务器，而不仅仅是获取数据，则通常使用 POST 请求。当你在网页上填写表格并提交时，浏览器会发送 POST 请求。因为 POST 请求包含发送到服务器的信息，所以浏览器在 HTTP 标头之后的请求正文中发送该信息。

你将在第 8 章了解在向服务器发送数据时使用 POST 而不是 GET 请求的原因。错误地使用 GET 请求进行检索资源以外的任何操作的网站，会容易受到跨站点请求伪造（CSRF）攻击。

在开发网站时，你可能还会遇到 PUT、PATCH 和 DELETE 请求。它们分别用于上传、编辑或删除服务器上的资源，通常由嵌入在网页中的 JavaScript 触发。表 2-1 中列出了一些其他值得了解的方法。

表 2-1　不常用的 HTTP 方法

HTTP 方法	功能和实现
HEAD	HEAD 请求检索与 GET 请求相同的信息，但指示服务器返回没有正文的响应（换句话说，有用的部分）。如果在 Web 服务器上实现 GET 方法，则服务器通常会自动响应 HEAD 请求
CONNECT	CONNECT 启动双向通信。如果你需要通过代理进行连接，则可以在 HTTP 客户端代码中使用它
OPTIONS	通过发送 OPTIONS 请求，用户代理可以询问资源还支持其他哪些方法。Web 服务器通常会通过推断实现了其他哪些方法来响应 OPTIONS 请求
TRACE	对 TRACE 请求的响应将包含原始 HTTP 请求的精确副本，因此客户端可以看到中间服务器所做的更改（如果有）。这听起来很有用，但通常建议关闭 Web 服务器中的 TRACE 请求，因为它们可能会带来安全漏洞。例如，它们可能允许将恶意 JavaScript 注入页面中以访问 JavaScript 无法访问的 cookie

一旦 Web 服务器接收到 HTTP 请求，它就会用 HTTP 响应回复用户代理。我们来分析一下响应的结构。

2. HTTP 响应

Web 服务器发回的 HTTP 响应以协议描述——一个三位数的状态码开始，通常还有一条状态消息指示是否可以满足请求。响应还包含提供元数据的标头，这些元数据指示浏览器如何处理内容。最后，大多数响应都包含一个正文，正文本身包含所请求的资源。代码清单 2-2 显示了一个简单的 HTTP 响应的内容。

代码清单 2-2　来自 example.com 的 HTTP 响应

```
HTTP/1.1❶ 200❷ OK❸
❹ Content-Encoding: gzip
   Accept-Ranges: bytes
   Cache-Control: max-age=604800
   Content-Type: text/html
   Content-Length: 606

❺ <!doctype html>
   <html>
     <head>
       <title>Example Domain</title>
❻    <style type="text/css">
         body {
           background-color: #f0f0f2;
           font-family: "Open Sans", "Helvetica Neue", Helvetica, sans-serif;
         }
         div {
           width: 600px;
           padding: 50px;
           background-color: #fff;
           border-radius: 1em;
         }
       </style>
     </head>
❼  <body>
       <div>
         <h1>Example Domain</h1>
         <p>This domain is established to be used for illustrative examples.</p>
         <p>
           <a href="http://www.iana.org/domains/example">More information...</a>
         </p>
       </div>
     </body>
   </html>
```

响应从协议描述 ❶、状态码 ❷ 和状态消息 ❸ 开始。格式为 2xx 的状态码表示请求已被理解、接受并响应。格式为 3xx 的代码会将客户端重定向到其他 URL。格式为 4xx 的代码表示客户端错误：浏览器生成了明显无效的请求。这种类型的最常见错误是 HTTP 404 Not Found。格式为 5xx 的代码表示服务器错误：请求有效，但服务器无法满足该请求。

接下来是 HTTP 标头 ❹。几乎所有的 HTTP 响应都包含一个 Content-Type 标头，该标头指示返回的数据类型。对 GET 请求的响应通常还包含 Cache-Control 标头，以指示客户端应在本地缓存大型资源（例如，图像）。

如果 HTTP 响应成功，则正文包含客户端尝试访问的资源——通常是描述请求的网页结构的超文本标记语言（HTML）❺。在这种情况下，响应包含样式信息 ❻ 以及页面内容本身 ❼。其他类型的响应可能返回 JavaScript 代码，用于设置 HTML 样式的级联样式表（CSS）或正文中的二进制数据。

2.3   状态连接

Web 服务器通常一次处理多个用户代理的请求，但 HTTP 无法区分请求和用户代理的对应关系。在互联网出现的早期，这并不是一个重要的考虑因素，因为网页基本上是只读的。但是，现代网站通常允许用户登录并在访问不同页面并与之交互时跟踪其活动。为此，需要使 HTTP 会话成为有状态的。当客户端和服务器"握手"并继续来回发送数据包，直到通信方之一决定终止连接时，它们之间的连接或会话是有状态的。

当 Web 服务器想要跟踪每个对其发送请求的用户，从而实现有状态的 HTTP 会话时，它需要建立一种机制来跟踪发出后续请求的用户代理。特定用户代理和 Web 服务器之间的整个会话称为 HTTP 会话。跟踪会话的最常见方法是服务器在初始 HTTP 响应中发送 Set-Cookie 标头。这要求接收到响应的用户代理存储 cookie，这是与该特定 Web 域有关的一小段文本数据。然后，用户代理将任何后续 HTTP 请求的 cookie 标头中的相同数据返回给 Web 服务器。如果实现正确，则来回传递的 cookie 的内容将唯一地标识用户代理，从而建立 HTTP 会话。

cookie 中包含的会话信息是黑客的主要目标。如果攻击者窃取了一个用户的 cookie，那么他们可以假装是该网站上的用户。同样，如果攻击者成功地让网站接受了伪造的 cookie，那么他们可以冒充任何用户。我们将在第 10 章介绍各种黑客窃取和伪造 cookie 的方法。

2.4 加密

当 Web 刚刚发明时，HTTP 请求和响应以纯文本形式发送，这意味着任何拦截数据包的人都可以读取它们。这种拦截称为中间人攻击。因为在现代网络上私密通信和在线交易很普遍，所以 Web 服务器和浏览器通过使用加密来保护用户免受此类攻击，这是一种在传输过程中对消息内容进行编码的方法，以伪装消息内容。

为了保护它们之间的通信，Web 服务器和浏览器使用安全传输层（TLS）发送请求和响应，TLS 是一种提供隐私和数据完整性的加密方法。TLS 确保没有正确的加密密钥就无法解密被第三方拦截的数据包。它还确保可以检测到任何篡改数据包的企图，从而确保数据的完整性。

使用 TLS 的 HTTP 会话称为安全 HTTP（HTTPS）。HTTPS 要求客户端和服务器执行 TLS 握手，并且双方都同意加密方法（密码）并交换加密密钥。握手完成后，任何其他消息（请求和响应）对于外部都是不透明的。

加密是一个复杂的话题，但却是保护网站安全的关键。我们将在第 13 章研究如何为网站启用加密。

2.5 小结

在本章中，我们进行了关于互联网的一些探索。TCP 使每个具有 IP 地址的连接到互联网的计算机之间能够进行可靠的通信。域名系统把 IP 地址转换成人类可读的别名。HTTP 建立在 TCP 之上，将来自用户代理（如 Web 浏览器）的 HTTP 请求发送到 Web 服务器，而 Web 服务器又用 HTTP 响应进行答复。每个请求都发送到一个特定的 URL，我们学习了各种类型的 HTTP 方法。Web 服务器使用状态码进行响应，并发送回 cookie 以启动状态连接。最后，可以使用加密（以 HTTPS 形式）来保护用户代理和 Web 服务器之间的通信。

在下一章中，我们将研究当 Web 浏览器收到 HTTP 响应时会发生什么——如何呈现网页以及用户动作如何生成更多 HTTP 请求。

第 3 章

浏览器的工作原理

大多数互联网用户通过浏览器与网站进行交互。要构建安全的网站，你需要了解浏览器如何将用于描述网页的超文本标记语言（HTML）转换为你在屏幕上看到的交互式视觉效果。本章将介绍现代浏览器如何呈现网页，重点介绍为保护用户浏览器安全而采取的安全措施。我们还将探讨黑客试图绕过这些安全措施所采用的各种方法。

3.1 页面呈现

Web 浏览器中负责将网页的 HTML 转换为在屏幕上可以看到的交互式视觉效果的软件组件称为渲染管道。渲染管道负责解析页面的 HTML，理解文档的结构和内容，并将其转换为操作系统可以理解的一系列绘图操作。

对于互联网初期的网站，实现这个过程相对简单。网页 HTML 几乎没有样式信息（例如颜色、字体和字号），因此渲染主要是加载文本和图像，并按照它们在 HTML 文档中出现的顺序在屏幕上绘制它们。HTML 被设想为一种标记语言，这意味着它通过将网页分解为语义元素并注释信息的结构来描述网页。早期的网站看起来很粗糙，但是对于传输文本内容非常有效。

如今，网页设计得越来越精致，视觉上也越来越吸引人。Web 开发人员将样式信息编码到单独的层叠样式表（CSS）文件中，这些文件精确地指示浏览器如何显示每个页面元素。像 Google Chrome 这样的现代、高度优化的浏览器包含数百万行代码，可以正确地解释和呈现 HTML，并以快速、统一的方式处理冲突的样式规则。了解组成渲染管道的各个阶段将有助于你理解这种复杂性。

3.1.1　渲染管道：概述

稍后我们将详细介绍渲染过程的每个阶段，但首先让我们看一下高阶过程。

当浏览器收到 HTTP 响应时，它将响应正文中的 HTML 解析为文档对象模型（DOM）：一种内存中的数据结构，表示浏览器对页面构成方式的理解。生成 DOM 是解析 HTML 和在屏幕上绘制页面之间的过渡步骤。在现代 HTML 中，在解析整个 HTML 之前，无法确定页面的布局，因为 HTML 中标签的顺序并不一定确定其内容的位置。

浏览器生成 DOM 之后，但在屏幕上绘制任何内容之前，必须将样式规则应用于每个 DOM 元素。这些样式规则声明如何绘制每个页面元素——前景色和背景色、字体样式和大小、位置和对齐方式等。最后，在浏览器确定页面的结构并确定如何应用样式信息之后，它将在屏幕上绘制网页。所有这些操作都在不到一秒钟的时间内完成，并在用户与页面交互时在循环中重复进行。

浏览器还会在构建 DOM 时加载并执行遇到的所有 JavaScript。JavaScript 代码可以在呈现页面之前或响应用户动作来动态地更改 DOM 和样式规则。现在，让我们详细了解每个步骤。

3.1.2　文档对象模型

当浏览器第一次收到包含 HTML 的 HTTP 响应时，它将 HTML 文档解析为 DOM。DOM 是一种将 HTML 文档描述为一系列嵌套元素（称为 DOM 节点）的数据结构。DOM 中的某些节点对应于要在屏幕上呈现的元素，例如输入框和文本段落，还有其他节点，例如控制页面行为和布局的脚本和样式元素。

每个 DOM 节点大致相当于原始 HTML 文档中的一个标签。DOM 节点可以包含文本内容，也可以包含其他 DOM 节点，类似于 HTML 标签相互嵌套的方式。因为每个节点可以以分支方式包含其他节点，所以 Web 开发人员会经常谈论 DOM 树。

某些 HTML 标签，例如 `<script>`、`<style>`、`<image>`、`<font>` 和 `<video>`，可以在属性中引用外部 URL。将这些标签解析为 DOM 后，它们会导致浏览器导入外部资源，这意味着浏览器必须发起另一个 HTTP 请求。现代浏览器会在页面渲染的同时执行这些请求，以缩短页面加载时间。

从 HTML 构造 DOM 的目的是尽可能地保持健壮。浏览器接受 HTML 格式错误，它们关闭未关闭的标签，插入丢失的标签，并根据需要忽略损坏的标签。浏览器厂商不会因网站错误而责怪网站用户。

3.1.3　样式信息

一旦浏览器构建了 DOM 树，它就需要确定哪些 DOM 节点对应于屏幕上的元素，如何相对地布置这些元素，以及要应用什么样式信息。尽管可以在 HTML 文档中内联定义这些样式规则，但是 Web 开发人员更喜欢在单独的 CSS 文件中编码样式信息。将样式信息与 HTML 内容分开，可以更轻松地重新样式化现有内容，并保持 HTML 内容尽可能干净。它还使 HTML 更易于解析，以供屏幕阅读器等其他浏览技术使用。

使用 CSS 时，Web 开发人员将创建一个或多个样式表，以声明应如何呈现页面上的元素。HTML 文档将通过使用 `<style>` 标签来引用这些样式表，该标签引用托管样式表的外部 URL。每个样式表都包含选择器，这些选择器挑选 HTML 文档中的标签，并为每个选择器分配样式信息，例如字体大小、颜色和位置。选择器可能很简单，例如，它们可能声明 `<h1>` 标签中的标题文本应显示为蓝色。对于更复杂的网页，选择器变得更加复杂：选择器可以描述用户将鼠标移到其上时超链接改变颜色的速度。

渲染管道实现了很多逻辑来呈现最终样式，因为需要遵循严格的优先级规则来确定样式的应用方式。每个选择器可以应用于多个页面元素，并且每个页面元素通常都会具有由多个选择器提供的样式信息。早期互联网的一个成长烦恼是如何创建一个在不同类型浏览器中呈现时看起来相同的网站。现代浏览器在呈现网页的方式上通常是一致的，但它们仍然各不相同。符合 Web 标准的行业基准是 Acid3，如图 3-1 所示。只有少数浏览器获得 100 分。你可以访问 http://acid3.acidtests.org/ 去做 Acid3 测试。

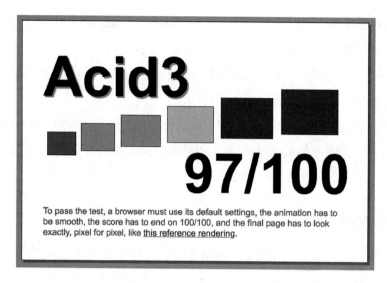

图 3-1　Acid3，确保自 2008 年以来浏览器可以正确渲染彩色矩形

　　DOM 树的构造和样式规则的应用与 Web 页面中包含的任何 JavaScript 代码的处理并行进行。这个 JavaScript 代码甚至在呈现页面之前就可以改变页面的结构和布局，所以让我们快速看一看 JavaScript 的执行如何与呈现管道相吻合。

3.2　JavaScript

　　现代 Web 页面使用 JavaScript 来响应用户动作。JavaScript 是一种成熟的编程语言，在呈现网页时由浏览器的 JavaScript 引擎执行。JavaScript 可以通过使用 `<script>` 标签合并到 HTML 文档中；代码可以内联地包含在 HTML 文档中，或者更典型地，`<script>` 标签可以引用要从外部 URL 加载的 JavaScript 文件。

　　默认情况下，只要将相关的 `<script>` 标签解析为 DOM 节点，浏览器便会执行任何 JavaScript 代码。对于从外部 URL 加载的 JavaScript 代码，这意味着该代码在加载后立即执行。

　　如果呈现管道尚未完成对 HTML 文档的解析，则此默认行为会导致出现问题；

JavaScript 代码将尝试与 DOM 中可能不存在的页面元素进行交互。为此，`<script>` 标签通常带有 defer 属性。这将使 JavaScript 仅在整个 DOM 构建完成后才执行。

正如你所想象的，浏览器急切地执行它们遇到的任何 JavaScript 代码这一事实会带来安全隐患。黑客的最终目标通常是在另一个用户的机器上远程执行代码，而互联网使这一目标变得容易很多，因为很难找到一台没有连接到网络的计算机。基于这个原因，现代浏览器严格限制 JavaScript 的浏览器安全模型。这意味着 JavaScript 代码必须在沙箱中执行，并且不允许执行以下任何操作：

- ❏ 启动新进程或访问其他现有进程。
- ❏ 读取系统内存的任意块。作为一种托管内存语言，JavaScript 无法在其沙箱外部读取内存。
- ❏ 访问本地磁盘。现代浏览器允许网站在本地存储少量数据，但是这种存储是从文件系统本身抽象出来的。
- ❏ 访问操作系统的网络层。
- ❏ 调用操作系统功能。

允许 JavaScript 在浏览器沙箱中执行的动作：

- ❏ 读取和操作当前网页的 DOM。
- ❏ 通过注册事件侦听器来侦听并响应当前页面上的用户动作。
- ❏ 代表用户进行 HTTP 调用。
- ❏ 打开新网页或刷新当前页面的 URL，但这仅仅是为了响应用户动作。
- ❏ 将新条目写入浏览器的历史记录，并在历史记录中前进和后退。
- ❏ 询问用户的位置，例如："Google 地图想使用您的位置。"
- ❏ 寻求权限以发送桌面通知。

即使有这些限制，可以将恶意 JavaScript 注入你的网页中的攻击者仍然可以通过跨站点脚本在用户输入信用卡详细信息或凭据时读取它们，从而造成很大的危害。即使少量注入恶意 JavaScript 也会构成威胁，因为注入的代码可以在 DOM 中添加 `<script>` 标签以加载恶意载荷。在第 7 章中，我们将介绍如何防范这种跨站点脚本攻击。

3.3 渲染前后：浏览器执行的所有其他操作

浏览器不仅仅是渲染管道和 JavaScript 引擎。除了呈现 HTML 和执行 JavaScript 之外，现代浏览器还包含许多其他职责的逻辑。浏览器与操作系统连接以解析和缓存 DNS 地址、解释和验证安全证书、在需要时使用 HTTPS 编码请求以及根据 Web 服务器的指令存储和传输 cookie。为了理解这些责任是如何结合在一起的，让我们在"幕后"看一下登录到亚马逊网站的用户：

1）用户使用他们喜欢的浏览器访问 www.amazon.com。

2）浏览器尝试将域（amazon.com）解析为 IP 地址。首先，浏览器查询操作系统的 DNS 缓存。如果找不到任何结果，它将请求互联网服务提供商查看他们的 DNS 缓存。如果 ISP 上没有人曾访问过亚马逊的网站（不过这种情况不太可能发生），ISP 将在权威 DNS 服务器上解析该域名。

3）既然已经解析了 IP 地址，浏览器就会尝试与 IP 地址对应的服务器发起 TCP 握手，以便建立安全连接。

4）一旦建立了 TCP 会话，浏览器就会构造一个 HTTP GET 请求发送给 www.amazon.com。TCP 将 HTTP 请求拆分为数据包，然后将其发送到服务器进行重组。

5）此时，HTTP 会话将升级到 HTTPS 以确保安全通信。浏览器和服务器进行 TLS 握手，约定加密密码，并交换加密密钥。

6）服务器使用安全通道发送回包含亚马逊网站首页 HTML 的 HTTP 响应。浏览器解析并显示页面，通常会触发许多其他 HTTP GET 请求。

7）用户导航到登录页面，输入他们的登录凭据，并提交登录表单，该表单将生成一个 POST 请求到服务器。

8）服务器通过在响应中返回 Set-Cookie 标头来验证登录凭据并建立会话。浏览器在规定的时间内存储 cookie，并将其与后续请求一起发送回亚马逊网站。

完成所有这些操作后，用户就可以访问其亚马逊网站的账户了。

3.4 小结

本章回顾了浏览器如何将用于描述网页的 HTML 转换为你在屏幕上看到的交互

式视觉效果。浏览器的呈现管道将 HTML 文档解析为文档对象模型（DOM），应用来自层叠样式表（CSS）文件的样式信息，然后在屏幕上布局 DOM 节点。

我们还学习了浏览器安全模型。浏览器在严格的安全规则下执行 <script> 标签中包含的 JavaScript。本章还回顾了一个简单的 HTTP 会话，该会话说明了浏览器除呈现页面外的其他职责：从 TCP 数据包重构 HTTP，验证安全证书并使用 HTTPS 保证通信安全以及存储和传输 cookie。

在下一章中，我们将学习 HTTP 会话的另一端：Web 服务器。

第 4 章

Web 服务器的工作方式

在第 3 章中，我们学习了浏览器如何通过互联网进行通信并呈现 HTML 网页和其他构成网站的资源。在本章中，我们将学习 Web 服务器如何构建相同的 HTML 页面。

根据其最简单的定义，Web 服务器是一个计算机程序，它响应 HTTP 请求发回 HTML 页面。然而，现代 Web 服务器所包含的功能范围比这要广泛得多。当浏览器发出 HTTP 请求时，现代 Web 服务器允许执行代码动态生成 HTML 网页，并且通常包含来自数据库的内容。作为一名 Web 开发人员，你将花费大量时间编写和测试这类代码。

本章介绍开发人员如何在 Web 服务器中组织代码和资源，指出 Web 服务器中可能出现安全漏洞的常见弱点，并讨论如何避免这些陷阱。

Web 服务器提供两种类型的内容来响应 HTTP 请求：静态资源和动态资源。静态资源是一个 HTML 文件、图像文件或 Web 服务器在 HTTP 响应中返回的其他类型的文件。动态资源是 Web 服务器响应 HTTP 请求而执行或解释的代码、脚本或模板。现代 Web 服务器能够托管静态资源和动态资源。服务器执行或返回哪个资源取决于 HTTP 请求中的 URL。你的 Web 服务器将根据配置文件解析 URL，该配置文件将 URL 模式映射到特定资源。

让我们看一看 Web 服务器如何处理静态资源和动态资源。

4.1 静态资源

在互联网的早期，网站主要由静态资源组成。开发人员手工编写 HTML 文件，网站由部署到 Web 服务器的单个 HTML 文件组成。网站的"部署"要求开发人员将所有 HTML 文件复制到 Web 服务器并重新启动服务器进程。当用户希望访问网站时，他们会在浏览器中输入网站的 URL。浏览器将向托管该网站的 Web 服务器发出 HTTP 请求，该 HTTP 服务器会将传入的 URL 解释为对磁盘文件的请求。最后，Web 服务器将在 HTTP 响应中返回 HTML 文件。

例如，1996 年电影《太空要塞》（*Space Jam*）的网站，它完全由静态资源组成，并且仍可以通过 spacejam.com 访问。单击该站点会将我们带回到 Web 开发中一个更简单、从美学上来说不太复杂的时代。如果你访问该网站，则会注意到每个 URL（例如 https://www.spacejam.com/cmp/sitemap.html）都以 .html 后缀结尾，表示每个网页都对应于服务器上的一个 HTML 文件。

蒂姆·伯纳斯 – 李（Tim Berners-Lee）对 Web 的最初设想很像太空要塞网站：一个由静态文件组成的网络，托管在 Web 服务器上，包含世界上所有的信息。

4.1.1　URL 解析

现代 Web 服务器处理静态资源的方式与旧服务器的处理方式基本相同。要在浏览器中访问资源，需要在 URL 中包含资源名称，然后 Web 服务器根据请求从磁盘返回资源文件。要显示图 4-1 所示的图片，URL 包含资源名称 /images/hedgehog_in_spaghetti.png，并且 Web 服务器从磁盘返回响应的文件。

图 4-1　静态资源的示例

现代 Web 服务器还有一些其他技巧。现代的 Web 服务器允许将任何 URL 映射到特定的静态资源。我们希望 hedgehog_in_spaghetti.png 资源是位于 Web 服务器上 /images 目录中的文件，但实际上，开发人员可以将其命名为任意文件。通过断开 URL 与文件路径的链接，Web 服务器为开发人员提供了更多自由来组织其代码。例如，这可能允许每个用户使用相同的路径拥有不同的配置文件。

当返回静态资源时，现代 Web 服务器通常在返回静态资源之前向 HTTP 响应添加数据或处理静态资源。例如，Web 服务器通常使用 gzip 算法动态压缩大型资源文件，以减少响应中使用的带宽，或者在 HTTP 响应中添加缓存标头，以指示浏览器在定义的时间窗口内再次查看静态资源时缓存并使用其本地副本。这使得网站对用户的响应更加迅速，减少了服务器必须处理的负载。

因为静态资源只是一种或另一种形式的文件，所以它们本身不会带有太多的安全漏洞。但是，将 URL 解析到文件的过程可能会引入漏洞。如果用户将某些类型的文件指定为私有文件（例如，他们上传的图像），则需要在 Web 服务器上定义访问控制规则。我们将在第 11 章中介绍黑客试图绕过访问控制规则所采取的各种方法。

4.1.2　内容交付网络

内容交付网络（Content Delivery Network，CDN）是旨在提高静态文件传输速度的一项现代创新，它在世界各地的数据中心中存储静态资源的重复副本，并将这些资源从最近的物理位置快速传输到浏览器。像 Cloudflare、Akamai 或 Amazon CloudFront 这样的 CDN 减轻了向第三方提供大型资源文件（如图像）的负担。因此，即使是小公司也可以在不需要大量服务器开销的情况下创建响应性强的网站。将 CDN 集成到你的站点通常很简单，CDN 服务根据你部署的资源量按月收取费用。

使用 CDN 也会带来安全问题。与 CDN 集成可以有效地使第三方根据你的安全证书提供内容，因此你需要安全地设置 CDN 集成。在第 14 章中，我们将研究如何安全地集成 CDN 等第三方服务。

4.1.3　内容管理系统

很多网站仍然主要由静态资源组成。这些网站通常是使用内容管理系统（Content

Management System，CMS）构建的，而不是手工编码，CMS 提供的创作工具几乎不需要技术知识就可以编写内容。CMS 通常在页面上强制使用统一的样式，并允许管理员直接在浏览器中更新内容。

CMS 插件还可以提供分析来跟踪访问者，添加预约管理或客户支持功能，甚至创建在线商店。这种插件方法是更大趋势的一部分，即网站使用第三方公司提供的专门服务来构建定制功能。例如，网站通常使用 Google Analytics（分析）进行客户跟踪，使用 Facebook Login 进行身份验证，使用 Zendesk 进行客户支持。你可以通过几行代码和一个 API 密钥添加每个功能，从而使从头开始构建功能丰富的网站变得更加容易。

从理论上讲，使用其他人的代码（通过集成 CMS 或使用插件服务）来构建你的网站，可以使你更加安全，因为这些第三方提供商雇用了安全专业人员，并有动力来保护他们的服务。但是，这些服务和插件的普遍存在也使它们成为黑客的攻击目标。例如，WordPress（最流行的 CMS）的许多目批管实例很少进行修补。你可以通过简单的 Google 搜索轻松发现 WordPress 漏洞，如图 4-2 所示。

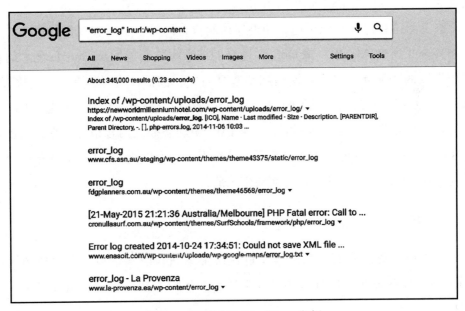

图 4-2　不安全的 WordPress 实例

在使用第三方代码时，你需要始终关注安全修复，并在修复补丁可用后立即进行部署。我们将在第 14 章中研究与第三方代码和服务有关的一些风险。

4.2 动态资源

虽然使用静态资源更简单，但是手工编写单个 HTML 文件是很费时的。想象一下，如果零售网站每次向库存中添加新商品时都必须对新网页进行编码，这无疑是很低效的，会占用每个人的时间（尽管这将为 Web 开发人员提供工作安全的保障）。

相反，大多数现代网站都使用动态资源。动态资源的代码通常会从数据库中加载数据，以填充 HTTP 响应。一般而言，动态资源会输出 HTML，尽管根据浏览器的期望可以返回其他类型的内容。

动态资源允许零售网站实现一个能够显示多种产品的单一产品网页。每次用户在站点上查看特定产品时，Web 页面都会从 URL 中提取产品代码，然后从数据库中加载产品价格、图像和描述，并将这些数据插入 HTML。向零售商的库存中添加新产品就变成了在数据库中输入新行的问题。

动态资源还有许多其他用途。如果你访问银行网站，它将查找你的账户详细信息并将其合并到 HTML 中。像 Google 这样的搜索引擎会返回从 Google 庞大的搜索索引中提取的匹配项，并将其返回到动态页面中。包括社交媒体在内的许多站点，对于每个用户而言看起来都是不同的，因为它们在用户登录后会动态构造 HTML。

动态资源会带来新的安全漏洞，在 HTML 中动态插入内容很容易受到攻击。我们将在第 7 章中学习如何保护自己免受恶意注入的 JavaScript 攻击，并在第 8 章中学习从其他网站生成的 HTTP 请求为何会带来危害。

4.2.1 模板

第一个动态资源是简单的脚本文件，通常用 Perl 语言编写，当用户访问特定的 URL 时，Web 服务器执行这些脚本文件。这些脚本文件将输出组成特定网页的 HTML。

以这种方式构建动态资源的代码通常不直观。如果一个 Web 页面由静态资源组成，你可以查看静态 HTML 文件来了解它是如何组织的，但是对于包含上千行 Perl

代码的动态资源来说，这样做比较困难。本质上是你使用一种语言（Perl）在另一种语言（HTML）中编写内容，然后浏览器在屏幕上呈现该内容。请记住，在最终渲染输出外观的同时对 Perl 代码进行更改是一项艰巨的任务。

为了解决这个问题，Web 开发人员经常使用模板（template）文件来构建动态 Web 页面。模板大多是用 HTML 编写的，但其中穿插着编程逻辑，包括对 Web 服务器的指令。这种逻辑通常很简单，执行以下三种操作之一：从数据库或 HTTP 请求中提取数据并将其插入 HTML 中，有条件地呈现 HTML 模板的各个部分，在数据结构（例如，项目列表）上循环以重复呈现 HTML 块。所有现代 Web 框架都使用模板文件（语法有所不同），因为在 HTML 中插入代码段通常会使代码更整洁且更具可读性。

4.2.2　数据库

当 Web 服务器在动态资源中执行代码时，它通常从数据库加载数据。如果你访问零售网站，Web 服务器将在数据库中查找产品 ID，并使用存储在数据库中的产品信息来构建页面。如果你登录到社交媒体网站，Web 服务器将从基础数据库加载你的时间线和通知，以便编写 HTML。事实上，大多数现代网站都使用数据库来存储用户信息，Web 服务器和数据库之间的接口是黑客经常攻击的目标。

数据库技术早于互联网的发明。随着计算机在 20 世纪 60 年代的普及，企业开始意识到数字化和集中保存记录以简化搜索和维护工作的价值。随着互联网的诞生，在产品库存数据库上放置一个 Web 前端对于那些希望扩展到在线零售的企业来说是一个自然的过程。

数据库也是身份验证的关键。如果网站想要识别来访的用户，则需要记录谁注册了该网站，并在访问时根据存储的凭据验证其登录信息。

两种最常用的数据库类型是 SQL 和 NoSQL。让我们来了解一下它们。

4.2.2.1　SQL 数据库

当今最常用的数据库是实现结构化查询语言（SQL）的关系型数据库，SQL 是一种维护和获取数据的声明性编程语言。

注意： SQL 的发音可以是 ess-qew-ell 或 sequel，但是如果你想让数据库管理员感到不适，可以尝试将其发音为 squeal。

SQL 数据库是关系型的，这意味着它们将数据存储在一个或多个表中，这些表以正式规定的方式相互关联。你可以将表视为类似于具有行和列的 Microsoft Excel 电子表格，每行表示一个数据项，每列表示每个项的一个数据点。SQL 数据库中的列具有预定义的数据类型，通常是文本字符串（通常为固定长度）、数字或日期。

关系数据库中的数据库表通过键相互关联。通常，表中的每一行都有唯一的数字主键，表可以通过外键引用彼此的行。例如，如果你将用户订单存储为数据库记录，那么 orders 表将具有名为 user_id 的外键列，该列代表下订单的用户。该 user_id 列将包含外键值，而不是直接在 orders 表中存储用户信息，该外键值引用了 users 表中特定行的主键（id 列）。这种类型的关系可确保你不能在数据库中只存储订单而不存储用户，并确保每个用户只有一个真实来源。

关系数据库还具有数据完整性约束，这些约束可以防止数据损坏并使对数据库的统一查询成为可能。像外键一样，可以在 SQL 中定义其他类型的数据完整性约束。例如，你可能要求 users 表中的 email_address 列仅包含唯一值，以强制数据库中的每个用户使用不同的电子邮件地址。你可能还需要在表中使用非空值，以便数据库必须为每个用户指定一个电子邮件地址。

SQL 数据库还表现出事务性和一致性的行为。数据库事务是一组以批处理方式执行的 SQL 语句。如果每个事务都是"全有或全无"，则说数据库是事务性的，也就是说，如果任何 SQL 语句在批处理中执行失败，则整个事务都会失败，并且数据库状态保持不变。SQL 数据库具有一致性，因为任何成功的事务都会将数据库从一种有效状态转移到另一种有效状态。任何试图在 SQL 数据库中插入无效数据的尝试都会导致整个事务失败，并使数据库保持不变。

由于存储在 SQL 数据库中的数据通常高度敏感，因此黑客将目标锁定在数据库上，以便在黑市上出售其内容。黑客还经常通过构造不安全的 SQL 语句进行攻击，我们将在第 6 章研究这方面的内容。

4.2.2.2　NoSQL 数据库

SQL 数据库通常是 Web 应用程序性能的瓶颈。如果大多数命中网站的 HTTP 请求都会生成一个数据库调用，那么数据库服务器将承受巨大的负载并降低网站性能。

这些性能问题导致 NoSQL 数据库越来越流行，这种数据库牺牲了传统 SQL 数据库的严格数据完整性要求，以实现更大的可扩展性。NoSQL 包含了多种存储和访问数据的方法，但其中出现了一些趋势。

NoSQL 数据库通常是无模式的，使你无须升级任何数据结构即可将字段添加到新记录。为了实现这种灵活性，数据通常以键值形式或 JSON（JavaScript Object Notation）的形式存储。

NoSQL 数据库技术还倾向于优先考虑数据的大规模复制，而不是绝对一致性。SQL 数据库确保不同客户端程序同时进行的查询将看到相同的结果；NoSQL 数据库通常会放宽这一限制，只保证最终的一致性。

NoSQL 数据库使存储非结构化或半结构化数据变得非常容易。提取和查询数据往往更复杂一些——有一些数据库提供了编程接口，而另一些数据库实现了类似于 SQL 语法的查询语言以适应其数据结构。NoSQL 数据库易受到注入攻击，这与 SQL 数据库非常相似，不过攻击者必须正确猜测数据库类型才能成功发起攻击。

4.2.3　分布式缓存

动态资源还可以从基于内存的分布式缓存加载数据，这是实现大型网站所需的大规模可扩展性的另一种流行方法。缓存指的是以易于检索的形式存储保留在其他位置的数据副本的过程，以加速数据的检索。像 Redis 或 Memcached 这样的分布式缓存使缓存数据变得简单，并允许软件以一种与语言无关的方式跨不同的服务器和进程共享数据结构。分布式缓存可以在 Web 服务器之间共享，这使得它们非常适合存储频繁访问的数据，否则就必须从数据库中检索这些数据。

大型 Web 应用企业通常将它们的技术栈实现为一系列微服务，即简单的模块化服务，这些服务按需执行一个操作，并使用分布式缓存在它们之间进行通信。服务通常通过存储在分布式缓存中的队列进行通信：数据结构可以将任务置于等待状态，这样就可以由多个工人（worker）进程一次完成一个任务。服务还可以使用发布——

订阅（publish-subscribe）通道，该通道允许多个进程同时注册某一类型事件，并在事件发生时通知它们。

分布式缓存与数据库一样容易受到黑客攻击。值得庆幸的是，Redis 和 Memcached 是在这类威胁广为人知的时代开发的，因此通常将最佳实践引入软件开发工具包（SDK）中，软件开发工具包是用于与缓存进行连接的代码库。

4.2.4 Web 编程语言

Web 服务器将在评估动态资源的过程中执行代码。有大量的编程语言可以用来编写 Web 服务器代码，并且每种编程语言都有不同的安全注意事项。

让我们看一些常用的语言。在后面的章节中，我们将在代码示例中使用这些语言。

4.2.4.1 Ruby（on Rails）

Ruby 编程语言，就像 *Dragon Ball Z* 和 Tom Selleck 主演的电影 *Mr.Baseball*，是 20 世纪 90 年代中期在日本被发明的。与 *Dragon Ball Z* 和 Tom Selleck 不同的是，它在 Ruby on Rails 平台发布之前已经十年没有流行了。

Ruby 结合了许多用于构建大型 Web 应用程序的最佳实践，并使其以最少的配置即可轻松实现。Rails 社区也非常重视安全性。Rails 是首批结合了针对跨站点请求伪造攻击保护的 Web 服务器栈之一。尽管如此，Rails 的普及仍然使它成为黑客的共同目标。近年来已经发现了（并匆匆修补了）几个重要的安全漏洞。

简单的 Ruby Web 服务器通常被描述为微框架（例如 Sinatra），近年来它已经成为 Rails 的流行替代品。微框架允许你组合执行一个特定功能的单个代码库，因此你的 Web 服务器是故意最小化的。这与 Rails 的"全家桶"部署模式形成了对比。使用微框架的开发人员通常通过使用 RubyGems 包管理器找到他们所需要的额外功能。

4.2.4.2 Python

Python 语言是在 20 世纪 80 年代末被发明的，简洁的语法、灵活的编程模式和广泛的模块使它非常流行。Python 新手经常惊讶于空格和缩进具有语义意义，这在编程语言中是不常见的。在 Python 社区中，空格是如此重要，以至于人们为缩进应该用制表符还是空格而展开了一场论战。

Python 被用于开发各种应用程序，并且经常是数据科学和科学计算项目的首选语言。Web 开发人员有很多积极维护的 Web 服务器可供选择（比如流行的 Django 和 Flask）。Web 服务器的多样性也是一个安全特性，因为黑客不太可能针对某个特定的平台进行攻击。

4.2.4.3 JavaScript 和 Node.js

JavaScript 最初是一种用于在浏览器中执行小脚本的简单语言，但在编写 Web 服务器代码时变得流行起来，并随着 Node.js 运行时迅速发展起来。Node.js 运行在 V8 JavaScript 引擎之上，与 Google Chrome 用于在浏览器中解析 JavaScript 的软件组件相同。JavaScript 仍然有许多怪癖，但是客户端和服务器端使用相同语言的发展方向使 Node 成为增长最快的 Web 开发平台。

Node 的最大安全风险来自其快速增长，每天增加数百个模块。在 Node 应用程序中使用第三方代码时需要格外小心。

4.2.4.4 PHP

PHP 语言从一组用于在 Linux 上构建动态站点的 C 二进制文件开发而来。尽管这种语言的无计划发展在其混乱的本质上显而易见，PHP 后来还是发展成一种成熟的编程语言。PHP 不一致地实现了许多内置函数。例如，变量名区分大小写，但函数名不区分大小写。尽管有这些古怪规则，但 PHP 仍然很受欢迎，并且一度为 10% 的 Web 站点提供了支持。

如果你正在编写 PHP 程序，那么通常是在维护一个旧系统。由于较旧的 PHP 框架具有你可以想象的一些最讨厌的安全漏洞，因此应更新旧版 PHP 系统以使用现代库。每种类型的漏洞，无论是命令执行、目录遍历还是缓冲区溢出，都使 PHP 程序员夜不能寐。

4.2.4.5 Java

Java 和 Java 虚拟机（JVM）已经在企业领域得到广泛应用和实现，从而使你可以在多个操作系统上运行 Java 已编译的字节码。通常，当你关注性能时，这是一种很好的主力语言。

无论是机器人技术、移动应用程序开发、大数据应用程序还是嵌入式设备，开发人员都在使用 Java。它作为一种 Web 开发语言的受欢迎程度有所下降，但仍有数百万行 Java 代码为互联网提供动力。从安全性的角度来看，Java 被它过去的流行性所困扰；遗留的应用程序包含许多运行该语言和框架的旧版本的 Java 代码。Java 开发人员需要及时更新版本，以免成为黑客攻击的首选。

如果你是一个更具冒险精神的开发人员，你会发现在 JVM 上运行的其他流行语言兼容 Java 庞大的第三方库生态系统。Clojure 是一种流行的 Lisp 方言；Scala 是一种带有静态类型的函数式语言；Kotlin 是一种较新的面向对象语言，它与 Java 向后兼容，同时使脚本编写更容易。

4.2.4.6　C#

C# 是微软作为 .NET 计划的一部分而设计的。C#（和其他 .NET 语言，如 VB.NET 版）使用名为公共语言运行库（CLR）的虚拟机。与 Java 相比，C# 从操作系统的抽象程度更低，因此你可以很好地将 C++ 代码与 C 语言混合在一起。

微软在后期已经转变成了开源的"传教士"，还好现在 C# 的参考实现是开源的。Mono 项目允许 .NET 应用程序在 Linux 和其他操作系统上运行。不过，大多数使用 C 语言的公司都将其部署在 Windows 服务器和典型的 Microsoft 技术栈上。Windows 在安全方面有着令人不安的历史，例如，它是最常见的病毒攻击平台，因此任何希望采用 .NET 作为平台的人都需要意识到其中的风险。

4.2.4.7　Client-Side JavaScript

作为 Web 开发人员，你可以选择用于编写 Web 服务器代码的语言。但是当你的代码需要在浏览器中执行时，你只有一个选择：JavaScript。正如我前面提到的，JavaScript 作为服务器端语言的流行部分归功于 Web 开发人员对它的熟悉程度，因为它们是为客户端开发的语言。

浏览器中的 JavaScript 已远远超出了 Web 早期使用的简单表单验证逻辑和动画小部件。当用户与之交互时，诸如 Facebook 之类的复杂站点会使用 JavaScript 重绘页面的区域，例如，当用户单击图标时呈现菜单，或者在单击照片时打开对话框。

当背景事件发生时，网站通常也会通过在其他人发表评论或撰写新帖子时添加通知标记来更新用户界面。

要实现这种动态用户界面而不刷新整个页面并中断用户体验，就需要 client-side JavaScript 来管理内存中的许多状态。已经存在一些框架来组织内存状态并有效地呈现页面。它们还允许在站点的各个页面上模块化地重复使用 JavaScript 代码，这是管理数百万行 JavaScript 时的关键因素。

这样的 JavaScript 框架就是 Angular，它最初是由 Google 根据开源许可发布的。Angular 借鉴了服务器端范例，并使用客户端模板来呈现网页。Angular 模板引擎（页面加载时在浏览器中执行）将解析服务器提供的模板 HTML，并处理所有出现的指令。因为模板引擎只是在浏览器中执行的 JavaScript，所以它可以直接写入 DOM 并缩短一些浏览器渲染管道。随着内存状态的更改，Angular 会自动重新渲染 DOM。这种分离使得代码更简洁，Web 应用程序更易于维护。

Facebook 开发团队发布的开源 React 框架采用的方法与 Angular 略有不同。React 鼓励开发人员将类似 HTML 的标签直接写到 JavaScript 中，而不是将代码散布在 HTML 模板中。React 开发人员通常会创建 JavaScript XML（JSX）文件，这些文件会通过预处理器运行并编译为 JavaScript，然后再发送给浏览器。

第一次编写像 `return <h1>Hello, {format(user)}</h1>` 这样的 JavaScript 代码时，习惯于将 JavaScript 和 HTML 文件分开的开发人员会觉得很奇怪，但是通过使 HTML 成为 JavaScript 语法的一级元素，React 启用了很有帮助的特性（例如，语法突出显示和代码自动完成），否则这些特性将很难实现支持。

像 Angular 和 React 这样功能丰富的 client-side JavaScript 框架非常适合构建和维护复杂的站点。但是，直接操作 DOM 的 JavaScript 代码会带来一种新的安全漏洞——基于 DOM 的跨站点脚本攻击，我们将在第 7 章中详细介绍这种攻击。

请注意，尽管 JavaScript 是浏览器通常执行的唯一语言，但这并不意味着你必须用 JavaScript 编写所有客户端代码。许多开发人员使用诸如 CoffeeScript 或 TypeScript 之类的语言，这些语言在构建过程中会先转换为 JavaScript，然后再发送给浏览器。这类语言在执行时与 JavaScript 具有相同的安全漏洞，因此在本书中，我们只关注普通的 JavaScript。

4.3　小结

Web 服务器使用两种类型的内容——静态资源（例如图像）和动态资源（执行自定义代码）响应 HTTP 请求。

静态资源是我们可以直接通过文件系统或内容交付网络提供的资源，以提高站点的响应能力。网站所有者通常在内容管理系统中创建完全由静态资源组成的网站，允许非技术管理人员直接在浏览器中编辑这些资源。

另外，动态资源是我们通常以模板的形式定义的资源，这些 HTML 散布在服务器要解析的程序指令中。它们通常会从数据库或缓存中读取数据，以告知页面呈现方式。数据库的最常见形式是 SQL 数据库，它以表格形式存储数据，并在数据结构上严格定义了规则。较大的网站通常使用 NoSQL 数据库，这是一种较新的数据库，可以放松传统 SQL 数据库的某些限制，以实现更大的可扩展性。我们用 Web 编程语言编写动态资源，这方面有很多选择。

在下一章中，我们将学习编写代码的过程。编写安全、无 bug 代码的关键是有条理的开发过程。我将向你展示如何编写、测试、编译和部署代码。

第 5 章

程序员的工作方式

建设和维护一个网站是一个反复的过程，而不是最终目标。Web 开发人员很少会在第一时间构建一个站点并将每个功能都做好。在 Web 开发中，产品不断迭代，代码库会变得更加复杂，需要开发人员添加新的特性、修复 bug 和重新编译代码。重新设计是理所当然的。

作为一个 Web 开发人员，你需要以一种有序和有纪律的方式对你的代码库进行修改和发布。随着时间的推移，在最后期限前采取的捷径往往会导致安全漏洞和 bug 悄悄出现，这是很常见的情况。大多数安全漏洞的出现不是因为开发者缺乏开发知识，而是因为缺乏对细节的关注。

本章重点介绍如何通过遵循软件开发生命周期（SDLC）来编写安全的代码，SDLC 是开发团队在设计新网站功能、编写代码、测试代码和进行更改时遵循的一个流程。一个混乱的 SDLC 使得你无法跟踪你正在运行的代码和它的漏洞，这将不可避免地导致一个有缺陷的、不安全的网站。然而，一个结构良好的 SDLC 允许你在过程的早期根除 bug 和漏洞，以保护你的最终站点免受攻击。

我们将详细介绍一个设计良好的 SDLC 的五个阶段：设计与分析、编写代码、发布前测试、发布过程以及发布后的测试和观察。我们还将简要讨论如何保护依赖项，即我们在网站中使用的第三方软件。

5.1   阶段 1：设计与分析

SDLC 不是从编写代码开始的，而是从思考应该编写什么代码开始。我们将此第一阶段称为设计和分析阶段：分析需要添加的功能并设计其实现。在项目开始时，这可能包括勾勒出简短的设计目标。但是当你的站点启动并运行时，你需要考虑更多的修改，因为你不想破坏现有用户的功能。

这个阶段最重要的目标是确定代码试图解决的问题。一旦开发团队完成了代码，每个人都应该能够判断新代码的更改是否正确地满足了这些需求。如果你正在为客户编写代码，这个阶段意味着需要与利益相关者探讨，让他们同意一系列的目标。对于公司或组织的内部开发，主要是指开发和记录你正在构建内容的共同愿景。

问题跟踪软件可以极大地帮助设计和分析，尤其是当你在诊断和修复现有站点中的错误时。基于这个原因，问题跟踪程序也被称为 bug 跟踪程序。bug 跟踪程序将单个开发目标描述为问题，例如 "开发客户付款页面" 或 "在主页上修复拼写错误"。然后将问题分配给各个开发人员，这些开发人员可以按优先级对问题进行排序，编写代码进行修复并将其标记为已完成。开发人员可以链接特定的代码更改集，以修复 bug 或添加问题中描述的功能。对于大型团队，管理人员可以使用项目管理软件对问题进行排期和报告。

在编写代码之前，应该花一些时间进行构思和设计，因为这可能很有帮助。毫不奇怪，为固件设备或关键系统（如核反应堆）开发软件的团队会在设计阶段花费大量时间，因为他们很少会在部署代码后获得修复代码的机会。Web 开发人员倾向于让站点更快地上线。

5.2   阶段 2：编写代码

完成设计和分析之后，即可进入 SDLC 的第二阶段：编写代码。你可以使用许多工具编写代码，但是你应该始终在源代码管理软件（也称为版本控制）中保留任何不是一次性脚本的代码，它允许你存储代码库的备份副本，查看代码库以前的版本、跟踪更改、并对正在进行的代码更改进行注释。你可以通过将代码更改推送到源代码存储库（通常通过命令行工具或其他开发工具的插件）来与团队的其他成员共享更改，然后再将它们发布。将你的代码更改推送到集中存储库，使其他团队成员可以查看这些更改。发布你的更改意味着将它们部署到你的生产网站——你的真实用户将看到的网站。

使用源代码控制还可以查看生产站点上当前正在运行的代码库版本，这对于诊断漏洞以及调查和解决发布后发现的安全问题至关重要。当开发团队识别并解决安全问题时，他们应该查看引入漏洞的代码更改，并检查更改是否影响了站点的其他任何部分。

源代码管理是所有开发团队都需要使用的第一工具，甚至是一个开发团队！大型公司通常运行自己的源代码管理服务器，而小型公司和开源开发人员通常使用第三方托管服务。

5.2.1　分布式版本控制与集中式版本控制

市面上有各种源代码控制软件，每种软件具有不同的语法和功能。在当前可用的工具中，最受欢迎的是 Git，它是 Linux 的创始人 Linus Torvalds 最初创建的工具，用于帮助组织 Linux 内核的开发。Git 是一个分布式版本控制系统，这意味着 Git 下保存的每个代码副本都是完整的存储库。当一个新的开发人员第一次从团队存储库中获取（下载）代码的本地副本时，不仅可以获得最新版本的代码库，还可以获得代码库更改的完整历史记录。

分布式源代码管理工具跟踪开发人员所做的更改，并在开发人员推送代码时仅传输这些更改。这种源代码管理模式不同于旧的软件，后者实现了一个集中式服务器，开发人员从该服务器下载并将整个文件上传到该服务器。

Git 之所以受欢迎，在很大程度上是因为 GitHub（一个可以直接建立在线 Git 存储库并邀请团队成员的网站）。用户可以在浏览器中查看存储在 GitHub 中的代码，并可以轻松地用 Markdown 语言对其进行文档记录。GitHub 还包括自己的问题跟踪器和管理竞争代码更改的工具。

5.2.2　分支和合并代码

源代码控制软件使你可以精确地确定每次网站更新都会推送哪些代码更改。通常，代码发布是使用分支进行管理的。分支是代码库的逻辑副本，存储在源代码控制服务器或开发人员的本地存储库中。开发人员可以在不影响主代码库的情况下对自己的分支进行本地更改，然后在完成所需的功能或 bug 修复后将分支合并回主代码库。

注意： 较大的开发团队可能具有更精细的分支方案。由于分支是一种廉价的方式，因此源代码控制软件可以让你无限制地从分支创建分支。一个大型团队可能有多个开发人员为同一个功能分支提供复杂的代码更新。

在发布之前，一些开发人员可能会将不同的分支合并到主代码库中。如果他们对同一文件进行了不同的编辑，则源代码控制软件会自动尝试合并这些更改。如果不同的更改无法自动合并，则会发生合并冲突，这要求开发团队手动完成合并过程，逐行选择应如何应用竞争代码更改。解决合并冲突这一问题可能会困扰开发人员一生：这是你认为自己已经解决问题后需要做的额外工作，而出现这一问题，通常是因为有人决定更改数千个 Python 文件的格式。

合并时间是进行代码审计的绝佳机会，其中一个或多个团队成员查看代码更改并提供反馈。捕获潜在安全漏洞的一种好方法是遵循"四眼"原则，该原则要求两个人分别在发布之前查看每个代码更改。通常，重新审视代码会发现原始作者没有预料到的问题。

基于 Git 的工具可以通过使用提取（pull）请求来格式化代码审计。提取请求是开发人员将代码合并到主代码库中的请求，这使 GitHub 之类的工具可以确保其他开发人员在合并之前批准更改。源代码控制软件通常会根据在持续集成系统中通过的所有测试来决定对提取请求的批准，我们将在下一部分中进行讨论。

5.3 阶段 3：发布前测试

SDLC 的第三阶段是测试。只有在彻底测试代码以尽可能捕获任何潜在的 bug 并确保其正常工作之后，才应该发布代码。一个好的测试策略是在用户发现或黑客可以利用软件缺陷之前发现它们，特别是关键安全漏洞。任何进行代码更改的人都应该在合并或发布代码之前手动测试站点的功能。这是一个基本的要求，你应该期望团队的所有成员都这样做。

在软件开发生命周期的早期发现软件缺陷可以节省大量的时间和精力，因此你应该用单元测试作为手动测试的补充。单元测试是代码库中的小脚本，通过执行代码库的各个部分并测试输出，对代码的运行方式做出基本断言。你应该在编译过程中运行单元测试，并为代码中特别敏感或经常变化的区域编写单元测试。

尽量使单元测试保持简单，以便它们可以测试代码的独立功能。一次测试多个功能可能会带来复杂性问题，这样的单元测试会非常脆弱，在代码更改时容易中断。例如，良好的单元测试可能会断言只有经过身份验证的用户才能查看网站的某些区域，或者密码必须满足最低复杂性要求。好的单元测试还可以作为一种文档形式，说明如果实现正确，代码应该如何运行。

5.3.1　覆盖范围和持续集成

运行单元测试时，它会调用主代码库中的函数。当运行所有单元测试时，它们执行的代码库的百分比称为覆盖率。尽管以 100% 的测试覆盖率为目标是值得称赞的，但这通常是不切实际的，所以在选择为代码库的哪些代码编写单元测试时要小心。此外，完全的测试覆盖率并不能保证代码的正确性，因为每个代码路径都被执行也并不意味着涵盖所有的场景。编写好的单元测试是一个判断问题，并且应该成为更全面的风险评估策略的一部分。有一个很好的经验法则：发现 bug 后，编写一个确定正确行为的单元测试，然后修复该 bug。这样可以防止问题再次发生。

一旦有了足够的测试覆盖率，就应该设置一个持续集成（CI）服务器。持续集成服务器连接到你的源代码管理存储库，每当代码发生更改时，都会签出新版本的代码，并在执行单元测试时运行编译过程。如果编译过程失败，可能是因为单元测试失败，那么开发团队将收到一个告警。持续集成能确保你尽早发现软件缺陷并及时解决它们。

5.3.2　测试环境

一旦完成了某个版本的所有代码更改，就应该将它们部署到测试环境中进行最终测试。测试环境（通常称为阶段、预生产或质量保证环境）应该是在专用服务器上运行的完全可操作的副本。测试环境对于在发布前检测软件缺陷（如安全漏洞）至关重要。大型开发团队通常雇用质量保证（QA）人员专门在这样的环境中测试软件。将不同的代码更改集成在一起，有时称为集成测试。

良好的测试环境应尽可能类似于生产环境，以确保测试有意义。你应该在相同的服务器和数据库技术上运行测试环境，只是配置和运行的代码版本有所不同。你还需要注意一些常识。例如，你的测试环境不应该向真实用户发送电子邮件，因此请根据需要对测试环境施加有意的限制。

这个过程类似于戏剧演员和剧组第一次在现场观众面前表演之前进行的彩排。他们在一小部分测试观众面前全副武装地上演这出戏。这使得他们能够在低风险的环境中找出自己表演中存在的问题，在这种环境中，每一个细节都尽可能接近于真正的开幕之夜表演。

测试环境是安全发布的关键部分，但是如果管理不当，它们也会带来自身的安全风险。测试和生产环境需要在网络层正确隔离，这意味着这两种环境之间不能通信。你不能允许攻击者从不安全的测试环境中跨网络跳转到你的生产环境，从而有机会危害你的网站。

测试环境通常有自己的数据库，这需要真实的测试数据，以便对站点的功能进行彻底的测试。生成良好测试数据的常用方法是从生产系统复制数据。如果执行此操作，请特别注意清除此类数据副本的敏感信息，包括名称、支付详细信息和密码。近年来，许多引人注目的数据泄露都是由攻击者在测试环境中偶然发现没有正确清理的数据造成的。

5.4 阶段 4：发布过程

只开发不发布的网站没什么大用处，让我们来谈谈 SDLC 的第四个阶段：发布过程。网站的发布过程包括从源代码管理中获取代码，将其复制到 Web 服务器上，以及（通常）重新启动 Web 服务器进程。具体实现方式取决于你的网站所在地和你使用的技术。无论你采用什么方法，你的发布过程都要可靠、可重现和可恢复。

可靠的发布过程意味着你可以保证在发布过程中部署哪些代码、依赖项、资源和配置文件。如果你的发布过程不可靠，可能没有运行你认为正在运行的代码版本，那就是一个严重的安全风险。为了确保你的网站可靠部署，发布脚本通常使用校验（checksum）——数字"指纹"，以确保复制到服务器上的文件与源代码管理中保存的文件相同。

可重现的发布过程是指可以在不同的环境或不同版本的代码中以相同的结果重新运行的过程。可重现性意味着发布期间出现人为错误的可能性更小。如果发布过程要求管理员按正确的顺序完美地执行 24 个步骤那么他们可能会犯错。编写脚本并尽可能自动执行发布过程！可重复的过程对于设置良好的测试环境也至关重要。

可恢复的发布过程允许你回滚发布。有时意外情况会使你想要"撤销"最近的版本，并恢复到代码的先前版本。这个过程应该尽可能无缝衔接。部分回滚的代码是一场潜在的灾难，因为你可能会留下一个不安全的配置，或者是具有已知漏洞的软件依赖项。无论你选择什么发布过程，你都需要能够以最小的代价可靠地恢复到以前的版本。

5.4.1　发布期间标准化部署的选项

托管公司已经发明了平台即服务（PaaS）解决方案，该解决方案使发布代码变得容易且可靠。如果"在云中"（in the cloud）是指在其他人的服务器上运行代码，则使用"即服务"（as a service）是指在其他人的服务器（带有一些有用的自动化功能和一个管理网站）上运行代码。托管公司有创造可怕的营销缩写词的记录。

Microsoft Azure、Amazon Web Services Elastic Beanstalk、Google App Engine 和 Heroku 都是 PaaS 提供商，它们允许开发人员通过单个命令行调用发布代码。在发布过程中，这些平台几乎可以处理所有需要做的事情：设置虚拟化服务器、安装操作系统和虚拟机、运行编译过程（稍后将详细介绍）、加载依赖项、将代码部署到磁盘以及重新启动 Web 服务器进程。你可以在 Web 控制台或命令行中监控和回滚版本，平台执行各种安全检查以确保代码干净部署。使用基于 PaaS 的发布过程可以最大限度地减少站点的停机时间，确保代码干净部署，并生成完整的审计跟踪。

PaaS 解决方案具有局限性。作为方便性和可靠性的交换，它们只支持某些编程语言和操作系统。它们允许有限的服务器配置，并且不支持复杂的网络布局。因此，有时很难改造旧的应用程序以在这种平台上部署。

5.4.1.1　基础架构即服务和 DevOps

如果你不使用 PaaS，但由于应用太复杂、太旧或成本太高，通常会将代码部署到独立的服务器上。它们可以是自托管、托管在数据中心，或者托管在基础架构即服务（IaaS）解决方案（如 Amazon 弹性计算云——EC2）中的虚拟服务器上。在这种情况下，你需要负责编写自己的发布过程。

从历史上看，公司都会雇佣专门的系统管理员来设计和运行发布过程。然而，DevOps（Developer Operation 的缩写）工具的兴起模糊了这些职责，并允许开发人员对代码的部署方式进行更多控制。DevOps 工具（具有各种各样的令人联想的名字，比如 Puppet、Chef 和 Ansible）使得描述标准部署场景和模块化发布脚本变得很容易，这使开发团队能够设计自己的部署策略。这种方法往往比编写自定义发布脚本来下载文件并将其复制到服务器上要可靠得多。DevOps 工具使遵循最佳实践变得容易，因为现有的"配方"或脚本可以满足大多数的部署场景。

5.4.1.2　容器化

标准化部署的另一种方法是使用容器。诸如 Docker 之类的容器技术允许我们创建称为镜像的配置脚本，这些脚本描述服务器应使用的操作系统、磁盘布局和第三方软件，以及应在软件堆栈之上部署的 Web 应用程序。我们将镜像部署到一个容器中，该容器抽象了底层操作系统的各种功能，从而允许一致的部署。镜像专门描述了此发行版所需的所有内容，并且容器是一个完全通用的组件。

你可以使用可复制的方式将 Docker 镜像部署到真实或虚拟化服务器，从而实现可靠的发布过程。在本地测试代码的开发人员可以使用与生产站点完全相同的 Docker 镜像，从而在真正发布代码时减少意外。

容器是一种相对较新的技术，但是它有望使复杂应用程序的部署更加可靠和标准化。大量相关技术（例如 Docker Swarm 和 Kubernetes）允许在机器可读的配置文件中描述复杂的多服务器网络配置。这使得重建整个环境更加简单。例如，一个团队可以轻松地启动一个具有多个 Web 服务器和一个数据库的全新测试环境，因为这些单独的服务以及它们之间的通信方式将在宿主服务可以理解的配置文件中描述。

5.4.2　编译过程

大多数代码库都有一个从命令行或开发工具调用的编译过程，它接受静态代码并为部署做好准备。Java 和 C 等语言在编译过程中将源代码编译为可部署的二进制格式，而使用包管理器的语言在运行编译过程时下载并验证第三方代码（也称为依赖项）。

网站的编译过程通常会预处理准备部署的客户端资产。许多开发人员使用 TypeScript 和 CoffeeScript 等语言，他们需要通过编译过程将这些语言编译成 JavaScript。无论 JavaScript 是手工编码还是自动生成的，编译过程通常都会缩小或混淆 JavaScript 文件，以便生成压缩的、可读性较差但功能相同的版本，更快地在浏览器中加载。

网站的样式信息通常保存在 CSS 文件中，如第 3 章中所述。管理大型网站的 CSS 文件可能很麻烦（因为样式信息通常在不同的地方重复，并且需要同步更新）。Web 开发人员经常使用 CSS 预处理器（例如 Sass 和 SCSS），这类语言旨在使样式表更易于管理，需要在编译时将其预处理为 CSS 文件。

对于开发团队来说，对每种编程语言都应该有精通的首选编译工具。在将任何代码签入源代码管理之前，应先在本地运行编译过程，这样才能确保在发布过程中和重新运行之前，该过程可以正常工作。如前所述，使用持续集成服务器以确保实现这一点。

5.4.3　数据库迁移脚本

向网站添加新功能通常需要新的数据库表或对现有表进行更新。数据库存储需要保留各个发行版的数据，因此你不能简单地在每个发行版中擦除并安装新数据库。在发布代码之前，需要在发布过程中针对数据库创建并运行数据库迁移脚本，以更新数据库结构。如果回滚代码，则会撤销脚本。

有一些技术（例如 Ruby on Rails）允许你在编译过程中运行迁移脚本。如果无法在编译过程中运行它们，则应将脚本置于源代码控制之下，然后在发布窗口期间使用暂时提升的数据库权限运行它们。在某些公司，对于大型的、复杂的数据库通常都有专门的数据库管理员（DBA）。

如果团队成员能够在发行版之外更改数据库结构，则存在安全风险。我们将在第 11 章中讨论各种锁定权限的方法。

5.5　阶段 5：发布后的测试和观察

代码部署后，就应该执行发布后测试，以确保代码部署是正确的，并且对代码在生产环境中运行方式的假设是正确的。理论上，如果你有一个良好的测试环境和可靠的发布过程，这种发布后测试（通常称为烟雾测试或冒烟测试）可能相当粗略。然而，在决定 SDLC 的每个阶段要进行多少测试时，注意自己的判断并避免风险。有句俗话说："继续测试，直到由感到恐惧变成感到无聊。"

5.5.1　渗透测试

安全专业人员和白帽黑客经常进行渗透测试，他们通过从外部测试网站来寻找安全漏洞。渗透测试对于发布前和发布后测试都是有用的。此外，开发团队可以使用复杂的自动化渗透测试工具，通过分析各种 URL 并尝试制作恶意 HTTP 请求来测试网站的常见安全漏洞。渗透测试可能既昂贵又费时，但比被黑客入侵要便宜得多，因此强烈建议你将其添加到测试流程中。

5.5.2　监控、日志记录和错误报告

代码发布后，你的生产环境需要在运行时可观察。这有助于管理员发现异常和潜在的恶意行为，并在问题发生时进行诊断。发布后的观察应以三种活动的形式进行：日志记录、监控和错误报告。

日志记录是一种在软件应用程序执行动作时将过程记录在日志文件中的做法，可帮助管理员在任何给定时间查看 Web 服务器的工作情况。你的代码应记录每个 HTTP 请求（带有时间戳、URL 和 HTTP 响应代码），用户执行的重要动作（例如，身份验证和密码重置请求）以及网站本身（例如，发送电子邮件）和 API 调用。

你应该在运行时（通过命令行或通过 Web 控制台）将日志提供给管理员，并对

其进行存档以备以后查看。在代码中添加日志语句有助于诊断站点上发生的问题，但是请注意不要在日志中写敏感细节，例如密码和信用卡信息，以防攻击者设法访问这些信息。

监控是在运行时监测网站的响应时间和其他指标的一种做法。监控 Web 服务器和数据库有助于管理员在网络速度较慢或数据库查询需要很长时间时发出告警，从而发现高负载或性能下降的情况。你应该将 HTTP 和数据库响应时间传递到监控程序中，当服务器和数据库响应时间超过特定阈值时，监控程序应发出告警。许多云平台都内置有监控程序，因此需要花一些时间来适当配置错误条件和所选择的告警系统。

你应该使用错误报告来捕获和记录代码中的意外错误。可以通过从日志中选取错误情况，或者将它们捕获并记录在代码本身来建立错误条件。然后，可以在可供管理员使用的数据存储中整理这些错误条件。许多安全入侵都是利用了处理不当的错误条件，因此一定要注意避免意外错误的发生。

第三方服务，例如 Rollbar 和 Airbrake 提供的插件，使你可以仅通过几行代码收集错误，因此，如果你没有时间或意愿来建立自己的错误报告系统，可以考虑使用这类服务。另外，Splunk 之类的日志抓取工具使你可以从日志文件中挑选出错误并理解它们。

5.6　依赖管理

需要和常规 SDLC 一起考虑的一件事是依赖管理。关于现代 Web 开发的一个奇怪事实是，你可能只需要编写一小部分网站的代码。你的站点通常取决于操作系统代码、编程语言运行时和关联的库（可能是虚拟机）以及运行第三方代码库的 Web 服务器进程。必须依赖的第三方工具被称为依赖项，换句话说，就是运行你的软件时必须依赖的其他软件。

每个领域的专家都会编写这些依赖项，从而减轻了你编写自己的内存管理或低级 TCP 语义的负担。这些专家也有强烈的动机，随时掌握安全漏洞的情况，并在出现漏洞时发布补丁，因此你应该充分利用他们提供的资源！

使用他人的代码也需要你的勤奋。一个安全的 SDLC 应该包括一个检查第三方库并确定何时需要打补丁的过程。这通常需要在常规开发周期之外进行，因为黑客不会等到你的下一个预定发布日期才开始尝试利用漏洞。关注安全公告并为他人的代码部署补丁和保护团队编写的代码一样重要。我们将在第 14 章中介绍如何做到这一点。

5.7 小结

我们在本章学习了设计和执行良好的软件开发生命周期可以避免 bug 和软件漏洞。

- 你应该使用问题跟踪软件记录设计目标。
- 你应该将代码保存在源代码管理系统中，以使旧版本的代码可供检查，并便于组织进行代码审计。
- 在发布之前，你应该在一个专用的、隔离的测试环境中测试代码，这个环境类似于你的生产环境，并且需要非常小心地对待你的数据。
- 你应该有一个可靠的、可重现的、可逆的发布过程。如果你有一个脚本化的编译过程来生成准备部署的资产，那么应该定期运行它，并在持续集成环境中使用单元测试来找出开发生命周期早期的潜在问题。
- 网站发布后，你应该在黑客利用网站的漏洞之前对网站进行渗透测试。你还应该使用监控、日志记录和错误报告来检测和诊断正在运行的站点是否存在问题。
- 对于所使用的任何第三方代码，你都应该关注其相关安全公告，因为你可能需要在常规发布周期之外部署补丁程序。

在下一章中，我们将开始研究特定的软件漏洞以及如何防范这些漏洞。首先，我们将研究网站面临的最大威胁之一：旨在将代码注入 Web 服务器的恶意输入。

第 6 章

注入攻击

　　既然你已经对互联网的工作原理有了很好的了解，那么让我们关注一下具体的漏洞以及黑客利用这些漏洞的方法。本章主要介绍注入攻击，当攻击者将外部代码注入应用程序以控制应用程序或读取敏感数据时，就是注入攻击。

　　回想一下，互联网是客户端——服务器体系架构的一个示例，这意味着 Web 服务器可以一次处理来自多个客户端的连接。大多数客户端是 Web 浏览器，负责用户浏览网站时生成并向 Web 服务器发送 HTTP 请求。Web 服务器返回 HTTP 响应，其中包含组成网站页面内容的 HTML。

　　因为 Web 服务器控制着网站的内容，所以服务器端代码自然希望发生特定类型的用户交互，期望浏览器生成特定类型的 HTTP 请求。例如，服务器希望在用户每次单击链接时看到对新 URL 的 GET 请求，或者当用户输入登录凭据并单击提交（Submit）按钮时看到 POST 请求。

　　但是，浏览器完全有可能向服务器发出意外的 HTTP 请求。另外，Web 服务器也很乐意接受来自任何类型客户端的 HTTP 请求，而不仅仅是浏览器。拥有 HTTP 客户端类库的程序员可以通过编写脚本将请求发送到互联网上的任意 URL。我们在第 1 章中看到的黑客工具正是这样做的。

　　服务器端代码没有可靠的方法来判断脚本或浏览器是否生成了 HTTP 请求，因为无论客户端是什么，HTTP 请求的内容都是不可区分的。服务器所能做的最好的事情就是检查 User-Agent 标头，这个标头应该描述生成请求的代理的类型，但是脚本和黑客工具通常会伪造这个标头的内容，以使它与浏览器发送的内容匹配。

攻击网站的黑客经常在 HTTP 请求中传递恶意代码，从而诱骗服务器执行代码。这是对网站进行注入攻击的基础。

注入攻击在互联网上非常普遍，如果成功，其影响可能是毁灭性的。作为 Web 开发人员，你需要了解它们产生的所有方式以及如何防范它们。在编写网站代码时，考虑网站处理的 HTTP 请求中可能出现的情况非常重要，而不仅仅是你希望出现的结果。在本章中，我们将研究 4 种类型的注入攻击：SQL 注入攻击、命令注入攻击、远程代码执行攻击以及利用文件上传漏洞的攻击。

6.1 SQL 注入

SQL 注入攻击的目标是底层使用 SQL 数据库并且使用不安全的方式构造数据库查询语句的网站。SQL 注入攻击是网站面临的最大风险之一，因为网站中使用 SQL 数据库是非常普遍的。2008 年，黑客从 Heartland 支付系统窃取了 1.3 亿个信用卡号码，Heartland 支付系统是一个存储信用卡详细信息并为商户处理收付款的支付处理器。黑客利用 SQL 注入攻击处理支付数据的 Web 服务器，对于一家依靠其信息安全性来开展业务的公司而言，这是一场灾难。

让我们首先看一下 SQL 数据库的工作方式，以便我们深入了解 SQL 注入是如何工作的，以及如何阻止。

6.1.1 什么是 SQL

结构化查询语言（Structured Query Language，SQL）是一种从关系型数据库中提取数据和数据结构的语言。关系型数据库将数据存储在表中，表中的每一行都是一个数据项（例如，用户或要出售的产品）。SQL 语法允许 Web 服务器等应用程序使用 INSERT 语句向数据库添加行，使用 SELECT 语句读取行，使用 UPDATE 语句更新行，使用 DELETE 语句删除行。

想象一下在网站上注册时 Web 服务器可能在后台执行的 SQL 语句，如代码清单 6-1 所示。

代码清单 6-1　当用户与网站交互时，Web 服务器可能执行的典型 SQL 语句

❶ INSERT INTO users (email, encrypted_password)
　VALUES ('billy@gmail.com', '10WMT9Y')
❷ SELECT * FROM users WHERE email = 'billy@gmail.com'
　AND encrypted_password = '10WMT9Y'
❸ UPDATE USERS users encrypted_password ='3DMW10Z'
　WHERE email='billy@gmail.com'
❹ DELETE FROM users WHERE email = 'billy@gmail.com'

SQL 数据库通常在 users 表中存储有关网站用户的信息。当用户首次注册并选择用户名和密码时，Web 服务器将在数据库上运行 INSERT 语句以在 users 表中创建新行 ❶。用户下次登录到网站时，Web 服务器将运行 SELECT 语句以尝试在 users 表中查找相应的行 ❷。如果用户更改了密码，Web 服务器将运行 UPDATE 语句来更新 users 表中相应的行 ❸。最后，如果用户注销了他们的账户，网站可能会运行 DELETE 语句从 users 表中删除对应的行 ❹。

对于每个交互，Web 服务器负责获取 HTTP 请求的一部分（例如，登录表单中输入的用户名和密码），并构造针对数据库执行的 SQL 语句。语句的实际执行通过数据库驱动程序进行，数据库驱动程序是用于和数据库通信的专用代码库。

6.1.2　SQL 注入攻击剖析

当 Web 服务器不安全地构造传递给数据库驱动程序的 SQL 语句时，就会发生 SQL 注入攻击。这使攻击者可以通过 HTTP 请求传递参数，这些参数会导致驱动程序执行开发人员预料之外的动作。

让我们看一个构造不安全的 SQL 语句，当用户试图登录到网站时，它从数据库中读取用户数据，如代码清单 6-2 中的 Java 代码所示。

代码清单 6-2　在尝试登录期间，从数据库读取用户数据的不安全方法

```
Connection connection = DriverManager.gctConncction(DB_URL, DB_USER, DB_PASSWORD);
Statement statement = connection.createStatement();
String sql = "SELECT * FROM users WHERE email='" + email +
             "' AND encrypted_password='" + password + "'";
statement.executeQuery(sql);
```

上例中 SQL 语句的构造是不安全的！这段代码使用从 HTTP 请求获取的 email

和 password 参数，并将它们直接插入 SQL 语句中。因为没有检查参数中是否有改变 SQL 语句含义的 SQL 控制字符（例如'），所以攻击者可以制作绕过网站身份验证系统的输入。

代码清单 6-3 中给出了一个示例。在此示例中，攻击者将用户电子邮件参数传递为 billy@gmail.com'--，该参数会提前终止 SQL 语句并导致密码检查逻辑无法执行：

代码清单 6-3　使用 SQL 注入绕过身份验证

```
statement.executeQuery(
  "SELECT * FROM users WHERE email='billy@gmail.com'❶--' AND encrypted_password='Z$DSA92HO'❷");
```

数据库驱动程序仅执行 SQL 语句 ❶，会忽略其后的所有内容 ❷。在这种类型的 SQL 注入攻击中，单引号（'）会提前关闭 email 参数，而 SQL 注释语法（--）会诱使数据库驱动程序忽略执行密码检查语句的结尾。该 SQL 语句允许攻击者以任何用户身份登录，而无须知道其密码！攻击者所需要做的就是在登录表单中将 ' 和 -- 字符添加到用户的电子邮件地址中。

这是一个相对简单的 SQL 注入攻击示例。更高级的攻击可能会导致数据库驱动程序在数据库上运行其他命令。代码清单 6-4 显示了一个 SQL 注入攻击，它运行 DROP 命令以完全删除 users 表，从而损坏数据库。

代码清单 6-4　进行中的 SQL 注入攻击

```
statement.executeQuery("SELECT * FROM users WHERE email='billy@gmail.com';❶
DROP TABLE users;❷--' AND encrypted_password='Z$DSA92HO'");
```

在这种情况下，攻击者把 billy@gmail.com'; DROP TABLE users;-- 作为 email 参数进行传递。分号字符（;）终止第一个 SQL 语句 ❶，然后攻击者插入一个附加的破坏性语句 ❷。数据库驱动程序将同时运行这两个语句，从而使数据库处于损坏状态！

如果你的网站易受 SQL 注入攻击，攻击者通常可以对你的数据库执行任意 SQL 语句，使其可以绕过身份验证，随意读取、下载和删除数据，甚至可以将恶意 JavaScript 注入呈现给用户的页面。为了扫描网站的 SQL 注入漏洞，可以使用 Metasploit 等黑客工具对网站进行爬取，并测试具有潜在漏洞的 HTTP 参数。如果你

的站点存在 SQL 漏洞，可以确定地说最终一定会有人利用。[○]

6.1.3 缓解措施 1：使用参数化语句

为了防止 SQL 注入攻击，你的代码需要使用绑定参数构造 SQL 字符串。绑定参数是占位符，数据库驱动程序将这些占位符安全地替换为相应的输入，例如代码清单 6-1 中所示的电子邮件或密码值。包含绑定参数的 SQL 语句称为参数化语句。

SQL 注入攻击使用 SQL 语句中具有特殊含义的"控制字符"来"跳出"上下文并更改 SQL 语句的整个语义。使用绑定参数时，这些控制字符以"转义字符"为前缀，告诉数据库不要将以下字符视为控制字符。控制字符的转义消除了潜在的注入攻击。

使用绑定参数安全构建的 SQL 语句应类似于代码清单 6-5 所示的那样。

代码清单 6-5　使用绑定参数来防止 SQL 注入

```
Connection connection = DriverManager.getConnection(DB_URL, DB_USER, DB_PASSWORD);
Statement statement = connection.createStatement();
❶ String sql = "SELECT * FROM users WHERE email = ? and encrypted_password = ?";
❷ statement.executeQuery(sql, email, password);
```

这段代码使用 "?" 作为绑定参数构造 SQL 查询❶。然后，代码将每个参数的输入值绑定到该语句❷，要求数据库驱动程序在安全处理任何控制字符的同时将参数值插入 SQL 语句。如果攻击者尝试使用代码清单 6-4 中描述的方法，通过传递用户名 billy@email.com'-- 来破坏这段代码，则安全构建的 SQL 语句将可以消除那样的攻击，如代码清单 6-6 所示。

代码清单 6-6　消除 SQL 注入攻击

```
statement.executeQuery(
  "SELECT * FROM users WHERE email = ? AND encrypted_password = ?",
  "billy@email.com'--,",
  "Z$DSA92HO");
```

因为数据库驱动程序确保不会提前终止 SQL 语句，所以此 SELECT 语句将不返

○ 严格意义上说，除了 Metasploit 之外，还有更合适的 Web 扫描专用工具。——译者注

回任何用户,攻击也会因此失败。参数化语句确保数据库驱动程序将所有控制字符
(如 '、--、和;)视为 SQL 语句的输入,而不是 SQL 语句的一部分。如果你不确定
你的网站是否使用了参数化语句,请尽快检查! SQL 注入可能是你的网站将面临的
最大风险。

只要 Web 服务器通过使用后端原生语言构造语句与独立的后端进行通信,就
可能发生类似类型的注入攻击。这包括 NoSQL 数据库(例如 MongoDB 和 Apache
Cassandra)、分布式缓存(例如 Redis 和 Memcached)以及实现轻量型目录访问协议
(LDAP)的目录。与这些平台通信的库都具有自己的绑定参数实现,因此请务必了解
它们的工作方式并在代码中使用它们。

6.1.4 缓解措施 2:使用对象关系映射

许多 Web 服务器库和框架抽象化了代码中 SQL 语句的显式构造,并允许你使用
对象关系映射访问数据对象。对象关系映射(ORM)库将数据库表中的行映射到内存
中的代码对象,这意味着开发人员通常不必编写自己的 SQL 语句即可读取和更新数
据库。这种体系结构可以在大多数情况下抵御 SQL 注入攻击,但是如果使用自定义
的 SQL 语句,仍然会很容易受到攻击,因此了解 ORM 在后台的工作方式非常重要。

人们最熟悉的 ORM 可能是 Ruby on Rails ActiveRecord 框架。代码清单 6-7 显
示了一行简单的 Rails 代码,通过这种方式查找用户会很安全。

代码清单 6-7　使用可防止注入攻击的方式通过电子邮件查找用户的 Ruby on Rails 代码

```
User.find_by(email: "billy@gmail.com")
```

由于 ORM 在后台使用绑定参数,因此在大多数情况下,它们可以防止注入攻
击。但是大多数 ORM 都有后门,允许开发人员在需要时编写原始 SQL。如果使用
这些类型的函数,则需要注意如何构造 SQL 语句。例如,代码清单 6-8 显示了易受
注入攻击的 Rails 代码。

代码清单 6-8　易受注入攻击的 Ruby on Rails 代码

```
def find_user(email, password)
  User.where("email = '" + email + "' and encrypted_password = '" + password + "'")
end
```

　　因为上面的代码将 SQL 语句的一部分作为原始字符串传递，所以攻击者可以传递特殊字符来操纵 Rails 生成的 SQL 语句。如果攻击者可以将 password 变量设置为 'OR 1=1，则可以执行一条 SQL 语句来禁用密码检查，如代码清单 6-9 所示。

代码清单 6-9　正是 1=1 语句禁用了密码检查

```
SELECT * FROM users WHERE email='billy@gmail.com' AND encrypted_password ='' OR 1=1
```

　　该 SQL 语句的最后一个子句禁用了密码检查，从而使攻击者能够以该用户身份登录。你可以使用绑定参数在 Rails 中安全地调用 where 函数，如代码清单 6-10 所示。

代码清单 6-10　安全地使用 where 函数

```
def find_user(email, encrypted_password)
  User.where(["email = ? and encrypted_password = ?", email, encrypted_password])
end
```

　　在这种情况下，ActiveRecord 框架将安全地处理攻击者添加到 email 或 password 参数的所有 SQL 控制字符。

6.1.5　额外缓解：使用纵深防御

　　根据经验，你应该始终以冗余方式保护你的网站。仅仅逐行检查代码是否存在漏洞是不够的。你需要考虑在堆栈的每个级别强制实施安全控制，允许通过其他策略缓解某个级别上的故障。这种方法称为纵深防御。

　　考虑一下你如何保护你的家。最重要的防御措施是在所有的门和窗上安装锁，但也可以安装防盗警报器、安全摄像头以及购买家庭保险，也许还可以养一只脾气暴躁的大狗，以涵盖所有可能发生的事情。

　　在防止 SQL 注入方面，纵深防御意味着使用绑定参数，但也需要采取额外的步骤，尽量减少危害，以防攻击者仍能找到成功执行注入攻击的方法。让我们看看其他几种降低注入攻击风险的方法。

6.1.5.1　最小特权原则

　　减轻注入攻击的另一种方法是遵循最小特权原则，该原则要求每个进程和应用程序仅以执行其允许功能所需的权限运行，而不再需要其他权限。这意味着如果攻击者向你的 Web 服务器中注入了代码并破坏了特定的软件组件，那么他们可以造成的损害仅限于该特定软件组件所允许的操作。

如果你的 Web 服务器与数据库通信，请确保它用于登录数据库的账户权限是有限的。大多数网站只需要运行数据操作语言（DML）中的 SQL 语句，这种语言是 SQL 的子集，其中包括前面讨论的 SELECT、INSERT、UPDATE 和 DELETE 语句。

SQL 语言的另一个子集叫作数据定义语言（DDL），它使用 CREATE、DROP 和 MODIFY 语句来创建、删除和修改数据库中的表结构。Web 服务器通常不需要执行 DDL 语句的权限，因此不要在执行时为其授予 DDL 权限集！将 Web 服务器特权缩小到最小 DML 集可以减少攻击者在发现代码漏洞时可能造成的危害。

6.1.5.2　盲注和非盲注

对于 SQL 注入攻击，黑客把它们区分为盲注（blind）和非盲注（noblind）。如果网站的错误消息将敏感信息泄露给客户端，例如"消息违反唯一约束：此电子邮件地址已存在于 users 表中"，则这是一种非盲注。在这种情况下，攻击者会立即获得有关尝试攻击系统的反馈。

如果客户端产生的错误消息更通用，例如找不到用户名和密码或发生意外错误，则可能导致 SQL 盲注攻击。这种情况意味着攻击者可以有效地进行隐蔽动作，并且工作量更少。易受非盲注攻击的网站更容易受到攻击，因此请避免在错误消息中泄露信息。

6.2　命令注入

另一种类型的注入攻击是命令注入，攻击者可以利用命令注入攻击对底层操作系统进行不安全命令行调用。如果 Web 应用程序需要进行命令行调用，请确保安全地构造命令字符串。否则，攻击者可以创建执行任意操作系统命令的 HTTP 请求，并获取应用程序的控制权。

对于许多编程语言来说，构造命令字符串以调用操作系统实际上是很不寻常的。

例如，Java 在虚拟机中运行，因此尽管你可以使用 java.lang.Runtime 类调用操作系统，但 Java 应用程序通常设计为可在不同操作系统之间移植，因此依赖特定操作系统功能将违背其理念。

命令行调用在解释型语言中更为常见。PHP 的设计遵循 UNIX 原则（程序应通过文本流相互通信），因此 PHP 应用程序通常通过命令行调用其他程序。同样，Python 和 Ruby 也是很流行的脚本语言，因此它们使得在操作系统级别执行命令变得很容易。

6.2.1　命令注入攻击剖析

如果你的网站使用命令行调用，请确保攻击者不会欺骗 Web 服务器向执行调用中注入额外的命令。例如，假设你有一个简单的网站，该网站执行 nslookup 命令来解析域名和 IP 地址。从 HTTP 请求中获取域名或 IP 地址并构造一个操作系统命令调用的 PHP 代码如代码清单 6-11 所示。

代码清单 6-11　PHP 代码接收一个 HTTP 请求并构造一个操作系统命令调用

```php
<?php
    if (isset($_GET['domain'])) {
        echo '<pre>';
        $domain = $_GET['domain']❶;
        $lookup = system("nslookup {$domain❷}");
        echo($lookup);
        echo '</pre>';
    }
?>
```

domain 参数是从 HTTP 请求中提取的 ❶。由于代码在构造命令字符串时不会转义 domain 参数 ❷，因此攻击者可以制作一个恶意 URL 并在末尾附加一个额外的命令，如图 6-1 所示。

攻击者在此处发送一个值为 google.com && echo" HAXXED"的域参数，然后浏览器 URL 会对空格和非字母数字字符进行编码。UNIX 中的 && 语法将独立的命令连接在一起。由于我们的 PHP 代码不会删除此类控制字符，因此攻击者会仔细构造 HTTP 请求以附加一个额外的命令。在这种情况下，将执行两个单独的命令：用于查找 google.com 的 nslookup 命令，然后是注入命令 echo "HAXXED"。

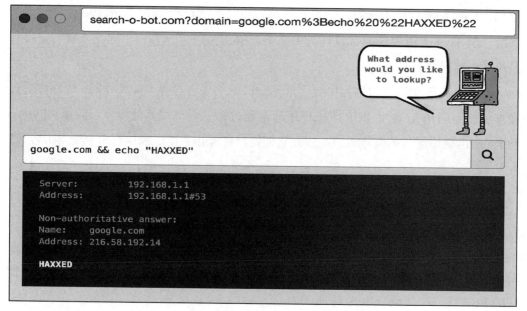

图 6-1　使用 URL 注入恶意命令

在本例中，注入的命令是无害的 echo 命令，它只是在 HTTP 响应中打印出 HAXXED。但是，攻击者可以利用此漏洞在你的服务器上注入和执行他们选择的任何命令。他们甚至可以浏览文件系统、读取敏感信息，并破坏整个应用程序。Web 服务器上的命令行访问使攻击者可以完全自由地控制系统，除非你采取谨慎的措施来减少影响。

6.2.2　缓解措施：转义控制字符

与 SQL 注入一样，你可以通过适当地转义 HTTP 请求中的输入来防止命令注入。这意味着用安全的替代方法替换敏感的控制字符（例如本例中的 & 字符）。具体操作方式取决于你使用的操作系统和编程语言。我们只需要使用一个对 escapeshellarg 的调用就可以使代码清单 6-11 中的 PHP 代码更安全，如代码清单 6-12 所示。

代码清单 6-12　将 HTTP 请求中的输入进行转义的 PHP 代码

```php
<?php
    if (isset($_GET['domain'])) {
        echo '<pre>';
```

```
        $domain = escapeshellarg❶($_GET['domain']);
        $lookup = system("nslookup {$domain}");
        echo($lookup);
        echo '</pre>';
    }
?>
```

对 escapeshellarg❶ 的调用确保攻击者不能通过 domain 参数注入额外命令。

Python 和 Ruby 也可以防止潜在的命令注入攻击。

在 Python 中，应该使用数组而不是字符串来调用 call() 函数，以防止攻击者将额外的命令附加到末尾，如代码清单 6-13 所示。

代码清单 6-13　Python 子进程模块中的 call 函数

```
from subprocess import call
call(["nslookup", domain])
```

在 Ruby 中，使用 system() 函数进行命令行调用。为它提供一个参数数组而不是一个字符串，以确保攻击者不会偷偷嵌入额外的命令，如代码清单 6-14 所示。

代码清单 6-14　Ruby 中的 system() 函数

```
system("nslookup", domain)
```

与 SQL 注入一样，遵循最小特权原则也有助于限制成功的命令注入攻击的影响。你的 Web 服务器进程应仅以其所需的权限运行。例如，你应该限制 Web 服务器进程可以读取和写入的目录。在 Linux 上，可以使用 chroot 命令来防止该进程在指定的根目录之外进行访问。你还应该通过配置网络上的防火墙和访问控制列表来尝试限制 Web 服务器的网络访问。这些步骤会使黑客更难利用命令注入漏洞，因为即使他们可以执行命令，除了读取 Web 服务器运行目录中的文件之外，他们也无法进行进一步操作。

6.3　远程代码执行

到目前为止，我们已经学习了当 Web 代码构造对数据库的调用（如 SQL 注入）

或对其运行的操作系统的调用（如命令注入）时漏洞是如何出现的。在其他情况下，攻击者可以注入以 Web 服务器本身语言执行的恶意代码，这种策略称为远程代码执行。对网站的远程代码执行攻击比我们之前讨论的注入攻击更为罕见，但每个字节都很危险。

6.3.1　远程代码执行剖析

攻击者可以通过发现特定类型 Web 服务器中的漏洞，然后创建攻击脚本来攻击在该 Web 服务器上运行的网站，从而实现远程代码执行。攻击脚本在 HTTP 请求的正文中包含恶意代码，其编码方式使服务器在处理请求时读取并执行该代码。用于执行远程代码攻击的技术差别很大。安全研究人员将分析常见 Web 服务器的代码库，寻找允许注入恶意代码的漏洞。

2013 年年初，研究人员在 Ruby on Rails 中发现了一个漏洞，攻击者可以利用该漏洞将自己的 Ruby 代码注入服务器进程。由于 Rails 框架会根据其 Content-Type 标头自动解析请求，因此安全研究人员注意到，如果他们使用嵌入式 YAML 对象（Rails 社区中通常用于存储配置数据的一种标记语言）创建 XML 请求，则可能会诱使解析过程执行任意代码。

6.3.2　缓解措施：在反序列化期间禁用代码执行

当 Web 服务器使用不安全的序列化时，通常会发生远程代码执行漏洞。序列化是将内存中数据结构转换为二进制数据流的过程，通常是为了在网络上传输数据结构。反序列化是指当二进制数据转换回数据结构时在另一端发生的反向过程。

主流的编程语言都有自己的序列化库，并被广泛使用。有些序列化库（例如 Rails 使用的 YAML 解析器）允许数据结构在内存中重新初始化自身时执行代码。如果你信任序列化数据的源，则此功能很有用，但如果你不信任序列化数据的源，则可能会非常危险，因为它可以允许任意代码执行。

如果 Web 服务器使用反序列化处理来自 HTTP 请求的数据，则需要通过禁用任何代码执行功能来取消它使用的任何序列化库；否则，攻击者可能会找到将代码直接注入 Web 服务器进程的方法。我们通常可以通过相关的配置设置禁用代码执行，该设置将允许你的 Web 服务器在不执行代码的情况下反序列化数据。

　　作为一个使用 Web 服务器构建网站而不是自己编写 Web 服务器本身的开发人员，防止 Web 堆栈中的远程代码执行通常相当于保持对安全公告的关注。你不太可能编写自己的序列化类库，因此请注意你的代码库在哪里使用第三方序列化类库。确保在你自己的代码中关闭代码执行功能，并密切关注 Web 服务器厂商发布的漏洞公告。

6.4　文件上传漏洞

　　我们将在本章中介绍的最后一种注入攻击类型是利用文件上传功能中的漏洞。网站将文件上传功能用于多种目的：允许用户将图像添加到其个人资料或帖子，向邮件添加附件，提交文书工作，与其他用户共享文档等。浏览器通过内置的文件上传小程序和 JavaScript API 轻松上传文件，因此你可以将文件拖到网页上并异步发送到服务器。

　　但是，浏览器在检查文件内容时并不十分小心。攻击者可以通过向上传的文件中注入恶意代码来轻松滥用文件上传功能。Web 服务器通常将上传的文件视为大块的二进制数据，因此攻击者很容易在 Web 服务器未检测到的情况下上传恶意载荷。即使你的站点具有在上传文件之前检查文件内容的 JavaScript 代码，攻击者也可以编写脚本将文件数据直接发布到服务器端，从而规避你在客户端采取的任何安全措施。

　　让我们看看攻击者通常是如何利用文件上传功能的，以便我们确定需要修复的各种安全漏洞。

6.4.1　文件上传攻击剖析

　　作为文件上传漏洞的一个示例，让我们看看攻击者如何滥用站点的配置文件图像上传功能。攻击者首先编写一个小的 Web shell（一个简单的可执行脚本）从 HTTP 请求中获取参数，在命令行上执行，然后输出结果。Web shell 是黑客试图破坏 Web 服务器的常用工具。代码清单 6-15 展示了一个用 PHP 编写的 Web shell 示例。

代码清单 6-15 用 PHP 语言编写的 Web shell

```php
<?php
  if(isset($_REQUEST['cmd'])) {
    $cmd = ($_REQUEST['cmd']);
    system($cmd);
  } else {
    echo "What is your bidding?";
  }
?>
```

攻击者在其计算机上将此脚本另存为 hack.php，并作为其个人资料"图片"上传到你的网站上。PHP 文件通常在操作系统中被视为可执行文件，这就是这种攻击会有效的关键因素。显然，以 .php 结尾的文件不是有效的图片文件，但是攻击者可以轻松地禁用在上传过程中进行的所有 JavaScript 文件类型检查。

一旦攻击者上传了他们的"图像"文件，他们的网站个人资料页面将显示一个丢失图像的图标，因为他们的个人资料图像实际上不是图像。但是，此时他们已经实现了真正的目标：将 Web shell 文件"走私"到了你的服务器上，这意味着他们的恶意代码现在已经部署到你的站点，等待以某种方式执行。

由于 Web shell 可以在公开的 URL 上使用，攻击者可能会创建一个后门来执行恶意代码。如果服务器的操作系统安装了 PHP 运行环境，并且在上传过程中以可执行权限将文件写入磁盘，那么攻击者可以通过调用与其配置文件图像对应的 URL 来传递命令以运行 Web shell。

为了执行命令注入攻击，黑客可以将 cmd 参数传递给 Web shell，以便在服务器上执行任意操作系统命令，如图 6-2 所示。

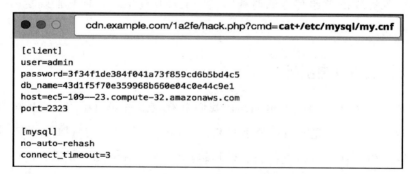

图 6-2 如果你的文件上传功能有漏洞，那么黑客可以使用 Web shell 访问你的数据库凭据

在这种情况下，攻击者可以浏览你的文件系统。攻击者利用你的文件上传漏洞获得与命令注入攻击相同的操作系统访问权限。

6.4.2 缓解措施

你可以使用多种缓解措施来保护自己免受文件上传漏洞的影响。最重要的缓解措施是确保所有上传的文件都不能作为代码执行。遵循纵深防御的原则，你还应该分析上传的文件，并拒绝任何看起来已损坏的或恶意的文件。

6.4.2.1 缓解措施 1：在安全的系统上托管文件

保护文件上传功能的第一个也是最重要的方法是确保 Web 服务器将上传的文件视为惰性文件而不是可执行对象。你可以通过将上传的文件托管在内容交付网络（CDN）（例如 Cloudflare 或 Akamai）中来达到此目的，就像第 4 章中描述的那样，将安全负担转移给安全存储文件的第三方。

CDN 还具有其他与安全无关的好处。CDN 可以非常快速地将文件提供给浏览器，并且可以在你上传文件时通过处理管道进行处理。许多 CDN 提供复杂的 JavaScript 上传小程序，你可以用几行代码添加它们，并提供诸如图像裁剪之类的额外功能。

如果基于某种原因无法选择 CDN，则可以通过将上传的文件存储在基于云的存储空间（例如 Amazon Simple Storage Service 或 S3）或专用内容管理系统中来获得许多相同的好处。两种方法都提供了安全的存储，可以在上传时消除所有 Web shell。不过，如果你要搭建自己的内容管理系统，则必须确保正确进行配置。

6.4.2.2 缓解措施 2：确保上传的文件无法执行

如果无法使用 CDN 或内容管理系统，则需要采取与 CDN 或内容管理类似的步骤来保护文件。这意味着确保所有文件在写入磁盘时没有可执行权限，将上传的文件隔离到特定目录或分区中（这样它们就不会与代码混在一起），并对服务器进行加固，以便仅安装最低要求的软件。如果不需要使用 PHP 引擎，那么确保卸载它！最好在上传文件时重命名文件，这样就不会将带有危险文件扩展名的文件写入磁盘。

实现这些目标的方法因你的托管技术平台、操作系统和所使用的编程语言而异。例如，如果你在 Linux 上运行 Python Web 服务器，则可以在使用 OS 模块创建文件时设置文件权限,如代码清单 6-16 所示。

代码清单 6-16　在 Linux 上用 Python 操作具有读写(但不能执行)权限的文件

```
import os
file_descriptor = os.open("/path/to/file", os.O_WRONLY | os.O_CREAT, 0o600)
with os.fdopen(open(file_descriptor, "wb")) as file_handle:
    file_handle.write(...)
```

从你的操作系统中删除不需要的软件总是一个好主意,因为这样黑客可以利用的工具就会更少。互联网安全中心(CIS)提供了加固的操作系统镜像,这是一个很好的开始。它们可以作为 Docker 镜像或 Amazon Web Service 市场中的 Amazon 机器镜像(AMI)提供。

6.4.2.3　缓解措施 3:验证上传文件的内容

如果上传的文件类型已知,请考虑在代码中添加一些文件类型检查。确保上传的 HTTP 请求中的 Content-Type 标头与预期的文件类型匹配,但请注意,攻击者可以轻易地欺骗标头。

上传文件后应该验证文件类型,尤其是图像文件。因此,最好在服务器端代码实现此功能,如代码清单 6-17 所示。聪明的黑客已经设计出对多种文件格式有效的载荷,从而渗透到进了各种系统。

代码清单 6-17　使用 Python 读取文件头以验证文件格式

```
>>> import imghdr
>>> imghdr.what('/tmp/what_is_this.dat')
'gif'
```

6.4.2.4　缓解措施 4:运行防病毒软件

最后,如果你运行的服务器平台容易感染病毒(例如 Microsoft Windows),请确保你运行的是最新的防病毒软件。因为文件上传功能会打开攻击者上传载荷的大门。

6.5　小结

在本章中,我们学习了各种注入式攻击,黑客通过这些攻击设计恶意的 HTTP

请求来控制后端系统。

SQL 注入攻击利用了在与 SQL 数据库通信时不能安全地构造 SQL 字符串的 Web 代码。在与数据库驱动程序通信时，可以使用绑定参数来减少 SQL 注入攻击。

命令注入攻击利用对操作系统函数进行不安全调用的代码。同样，你可以通过正确使用绑定来缓解命令注入攻击。

远程代码执行漏洞允许黑客在 Web 服务器进程本身内部进行攻击，通常源于不安全的序列化类库。请确保随时关注有关你使用的序列化类库和 Web 服务器软件的任何安全通告。

如果将具有可执行权限的文件通过文件上传功能写入磁盘，则通常会带来命令注入攻击风险。请确保写入第三方系统或磁盘的内容具有适当的权限，并在上传时尽可能验证文件类型。

可以通过遵循最小特权原则来减轻所有类型的注入攻击所带来的风险：进程和软件组件应仅以执行其分配的任务所需的权限运行，而不应拥有更多权限。这种方法可以减少攻击者注入有害代码后可能造成的危害。遵循最小特权原则的示例包括对 Web 服务器进程进行文件和网络访问限制，以及使用具有有限权限的账户连接到数据库。

在下一章中，我们将学习黑客如何利用 JavaScript 漏洞攻击你的网站。

第 7 章

跨站点脚本攻击

在上一章中，我们学习了攻击者如何将代码注入 Web 服务器以破坏网站。如果你的 Web 服务器是安全的，那么黑客的下一个最佳攻击目标就是 Web 浏览器。浏览器会执行出现在网页中的任何 JavaScript 代码，因此，如果攻击者能够在用户浏览你的网站时找到将恶意 JavaScript 注入用户浏览器的方法，则该用户将处于危险之中。我们将这种类型的代码注入称为跨站点脚本（XSS）攻击。

JavaScript 可以读取或修改网页的任何部分，因此攻击者可以利用跨站点脚本漏洞进行很多操作。他们可以在用户输入密码时窃取登录凭据或其他敏感信息，例如信用卡号。如果 JavaScript 可以读取 HTTP 会话信息，那么他们可以完全劫持用户的会话，从而让自己以该用户的身份远程登录。我们将在第 10 章中学习有关会话劫持的更多信息。

跨站点脚本是一种非常常见的攻击类型，它带来的危险是显而易见的。本章将介绍 3 种最常见的跨站点脚本攻击类型，并说明如何防范它们。

7.1 存储型跨站点脚本攻击

网站通常使用存储在数据库中的信息生成和呈现 HTML。零售网站将产品信息存储在数据库中，社交媒体网站将存储用户会话。网站将根据用户导航到的 URL 从数据库中获取内容，并将其插入页面以生成最终的 HTML 页面。

来自数据库的任何页面内容都是黑客的潜在攻击向量。攻击者将尝试向数据库中注入 JavaScript 代码，以便 Web 服务器在呈现 HTML 时"携带"这些代码。我们将这种类型的攻击称为存储型跨站点脚本攻击：JavaScript 代码被写入数据库，但是当毫无戒心的受害者浏览站点上的特定页面时，将在浏览器中执行这些 JavaScript 代码。

　　恶意 JavaScript 代码可以通过使用第 6 章中描述的 SQL 注入方法植入数据库，但攻击者通常会通过合法途径插入恶意代码。例如，如果某个网站允许用户发表评论，那么该网站将把评论文本存储在数据库中，并将其显示给查看同一评论主题的其他用户。在这种情况下，黑客执行跨站点脚本攻击的一种简单方法是将包含 `<script>` 标签的评论写入数据库。如果网站无法安全地构建 HTML，则每当页面呈现给其他用户时，`<script>` 标签就会被写入 HTML，并且 JavaScript 代码将在受害者的浏览器中执行。

　　让我们看一个具体的例子。假设你为喜欢烘焙的人开设了一个很受欢迎的网站——https://breddit.com。你的网站鼓励用户参与有关面包相关主题的讨论。在使用在线论坛进行讨论时，用户自己贡献了网站的大部分内容。当用户发新帖子时，你的网站会将其记录到数据库中，并显示给参与同一主题的其他用户。这是攻击者通过评论注入一些 JavaScript 代码的绝佳机会，如图 7-1 所示。

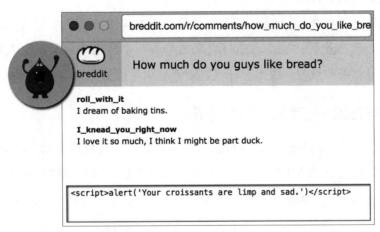

图 7-1　攻击者通过评论注入 JavaScript

　　如果你的网站在呈现 HTML 时没有规避注入的脚本（我们将在下一节中讨论），那么下一个查看该主题的用户将把攻击者的 `<script>` 标签写入浏览器并执行，如图 7-2 所示。

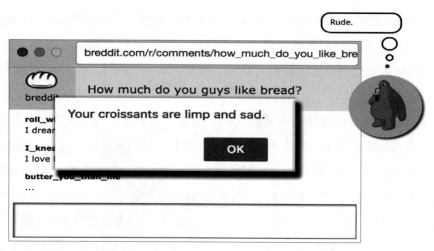

图 7-2　攻击者的 `<script>` 标签被写到受害者的浏览器中并执行

臭名昭著的 `alert()` 对话框比真正的威胁更令人烦恼，但是攻击者通常从这种方法开始检查是否可能进行跨站点脚本攻击。如果攻击者可以调用 `alert()` 函数，那么他们可以将原来的攻击升级为更具危险性的攻击，例如窃取其他用户的会话或将受害者重定向到有害站点。

评论主题并不是唯一可以出现这类漏洞的地方。任何用户控制的内容都是你需要保护的潜在攻击途径。攻击者通过将恶意脚本标签注入用户名、个人资料页面和在线评论中进行跨站点脚本攻击。让我们看看应该实施的几个简单保护措施。

7.1.1　缓解措施 1：转义 HTML 字符

为了防止存储型的跨站点脚本攻击，你需要转义来自数据存储的所有动态内容，以便浏览器知道将其视为 HTML 标签的内容，而不是原始 HTML。在浏览器中转义内容意味着用相应的实体编码替换 HTML 中的控制字符，如表 7-1 所示。

表 7-1　HTML 控制字符的实体编码

字符	实体编码
"	&quot;
&	&amp;
'	&apos;
<	&lt;
>	&gt;

在 HTML 中具有特殊含义的任何字符，例如 < 和 > 表示标签的开始和结束，都具有相应的安全实体编码。遇到实体编码时浏览器会将其识别为转义字符，并在视觉上将其呈现为相应的字符，最重要的是，不会将它们视为 HTML 标签。代码清单 7-1 显示了一个安全的网站如何编写图 7-1 中攻击者输入的评论。粗体表示可用于构造 HTML 标签的字符。

代码清单 7-1　这种 XSS 攻击尝试已被消除

```
<div class="comment">
  &lt;script&gt;alert(&quot;HAXXED&quot;)&lt;/script&gt;
</div>
```

转义字符到未转义字符的转换发生在浏览器为页面构建 DOM 之后，因此浏览器不会执行 <script> 标签。以这种方式转义 HTML 控件字符将关闭大多数跨站点脚本攻击的大门。

由于跨站点脚本是一种常见漏洞，因此在默认情况下，现代 Web 框架倾向于转义动态内容。尤其是模板，通常会在不加询问的情况下对插值进行转义。在嵌入式 Ruby（ERB）模板中，插入变量的语法类似于代码清单 7-2。

代码清单 7-2　嵌入式 Ruby 模板中动态内容的隐式转义

```
<div class="comment">
  <%= comment %>
</div>
```

在评估动态内容时，ERB 模板引擎将通过 <%=comment%> 语法自动转义敏感字符。

为了编写原始的、未转义的 HTML（因此容易受到 XSS 攻击），ERB 模板需要显式地调用 raw 函数，如代码清单 7-3 所示。

代码清单 7-3　允许在嵌入式 Ruby 模板中注入 HTML 的语法

```
<div class="comment">
  <%= raw comment %>
</div>
```

所有安全的模板语言都遵循相同的设计原则：模板引擎会隐式地转义动态内

容，除非开发人员明确选择构造原始 HTML。要确保你了解转义在模板中的工作方式，并在代码检查期间检查动态内容是否被安全转义！特别是，如果具有构造原始 HTML 以便插入模板的辅助函数或方法，请检查攻击者是否可以滥用其输入进行跨站点脚本攻击。

7.1.2　缓解措施 2：实施内容安全策略

现代浏览器允许网站设置内容安全策略，你可以使用该策略来锁定网站上的 JavaScript 代码执行。跨站点脚本攻击依赖于攻击者能够在受害者的网页上运行恶意脚本，通常是将 `<script>` 标签注入页面的 `<html>` 标签内的某个位置（也称为嵌入式 JavaScript）。如图 7-2 所示，在评论文本中写入 JavaScript 代码。

通过在 HTTP 响应标头中设置内容安全策略，可以告诉浏览器永远不要执行内联 JavaScript 代码。只有通过 `<script>` 标签中的 `src` 属性导入 JavaScript 时，浏览器才会在页面上执行 JavaScript 代码。典型的内容安全策略标头类似于代码清单 7-4。该策略规定可以从相同的域（'self'）或 apis.google.com 域中导入脚本，但是不应执行内联 JavaScript 代码。

代码清单 7-4　在 HTTP 响应标头中设置内容安全策略

```
Content-Security-Policy: script-src 'self' https://apis.google.com
```

你还可以在网页 HTML 的 `<head>` 元素的 `<meta>` 标签中设置站点的内容安全策略，如代码清单 7-5 所示。

代码清单 7-5　在 HTML 文档的 `<head>` 元素中设置的等效内容安全策略

```
<meta http-equiv="Content-Security-Policy" content="script-src 'self' https://apis.google.com">
```

通过把浏览器需要从中加载脚本的域列入白名单，可以隐式地声明不允许使用内联 JavaScript。在本例的内容安全策略中，浏览器将仅从 apis.google.com 域以及站点的任何域（例如 breddit.com）中加载 JavaScript。要允许内联 JavaScript，该策略必须包含关键字 `unsafe-inline`。

防止执行内联 JavaScript 是一项很好的安全措施，但这意味着你必须将网站当前实现的所有内联 JavaScript 移到单独的导入中。换句话说，页面上的 `<script>` 标签必须通过 `src` 属性引用单独文件中的 JavaScript，而不是在开始和结束标签之间编写 JavaScript。

将 JavaScript 分离为外部文件是 Web 开发中的首选方法，因为它可以使代码库更有条理。内联脚本标签被认为是现代 Web 开发中的错误做法，因此禁止内联 JavaScript 实际上会迫使你的开发团队养成良好的习惯。但是，内联脚本标签在早先的旧版站点中很常见。重构模板以删除所有内联 JavaScript 标签可能需要一些时间。

为了帮助进行重构，请考虑使用内容安全策略违规报告（violation report）。如果将 `report-uri` 指令添加到内容安全策略标头中（如代码清单 7-6 所示），那么浏览器将通知你任何违反策略的行为，而不是阻止 JavaScript 执行。

代码清单 7-6　指示浏览器向 https://example.com/csr-reports 报告任何内容安全违规行为的内容安全策略

```
Content-Security-Policy-Report-Only: script-src 'self'; report-uri https://example.com/csr-reports
```

如果你将所有这些违规报告收集到一个日志文件中，那么开发团队应该能够看到他们需要重写的所有页面，以满足对建议的内容安全策略所施加的限制要求。

除了转义 HTML 外，你还应该设置内容安全策略，因为它可以有效地保护用户！攻击者很难找到未转义内容的实例并将恶意脚本"走私"到你列入白名单的域中。正如你在第 6 章中了解到的那样，我们呼吁对同一漏洞进行纵深防御。这将是贯穿本书的主题。

7.2　反射型跨站点脚本攻击

数据库中的恶意 JavaScript 并不是跨站点脚本攻击的唯一载体。如果你的站点接受 HTTP 请求的一部分并将其显示在渲染的页面中，则呈现代码时需要防止通过 HTTP 请求注入恶意 JavaScript。我们称这种攻击为反射型跨站点脚本攻击。

几乎所有的网站都会在呈现的 HTML 中显示部分 HTTP 请求。考虑一下 Google

搜索页面：如果你搜索 cats，Google 会将搜索词作为 HTTP 的一部分在 URL 中传递：https://www.google.com/search?q=cats。搜索词 cats 显示在搜索结果上方的搜索框中。

现在，如果 Google 是一家不太安全的公司，则可以用恶意 JavaScript 替换 URL 中的 cats 参数，并且只要有人在浏览器中打开该 URL，就可以执行 JavaScript 代码。攻击者可以通过电子邮件将 URL 作为受害者的链接，或通过将用户添加到评论中来诱骗用户访问 URL。反射型跨站点脚本攻击的本质是：攻击者在 HTML 请求中发送恶意代码，然后服务器将其反射回来。

幸运的是，Google 聘用了许多安全专家。因此，如果你尝试在其搜索结果中插入 <script> 标签，则服务器将不会执行 JavaScript。黑客曾经在 https://admin.google.com 上的 Google Apps 管理界面中发现了反射型跨站点脚本漏洞，因此这表明即使是大公司也可能会出现这种问题。如果你希望能确保用户安全，则需要防止这种攻击。

缓解措施：从 HTTP 请求转义动态内容

你可以使用缓解存储型跨站点脚本漏洞的方法来缓解反射型跨站点脚本漏洞，即转义网站插入 HTML 页面的动态内容中的控制字符。无论动态内容来自后端数据库还是 HTTP 请求，你都需要以相同的方式对其进行转义。

值得庆幸的是，无论模板是从数据库加载还是从 HTTP 请求中提取，模板语言通常都会对所有内插变量进行转义。但是，你的开发团队在审核代码时仍然需要意识到通过 HTTP 请求进行注入的风险。代码审计通常会忽略反射型跨站点脚本漏洞，因为开发人员往往会忙于寻找存储型跨站点脚本漏洞。

反射型跨站点脚本攻击的常见目标区域是搜索页面和错误页面，因为它们通常将部分查询字符串回显给用户。确保你的团队了解风险并知道在检查代码更改时如何发现漏洞。存储型跨站点脚本攻击往往更具危害性，因为注入数据库表中的单个恶意 JavaScript 片段可能会一遍又一遍地攻击用户。但是，由于反射型攻击更易于实施，因此更为常见。

在结束本章之前，让我们再看看另一种类型的跨站点脚本攻击。

7.3　基于 DOM 的跨站点脚本攻击

　　缓解大多数跨站点脚本攻击意味着需要检查和保护服务器端代码。但是，功能丰富的客户端框架越来越流行，导致基于 DOM 的跨站点脚本兴起，从而使攻击者通过 URI 分段将恶意 JavaScript "走私" 到用户的网页中。

　　要了解这些攻击，需要首先了解 URI 分段的工作方式。让我们首先回忆一下 URL（通用资源定位符）——浏览器栏中显示的结构化地址。典型的 URL 类似于图 7-3。

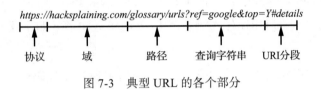

图 7-3　典型 URL 的各个部分

　　URI 分段是 URL 中 # 号后面的可选部分。浏览器使用 URI 分段进行页面内导航——如果页面上的 HTML 标签具有与 URI 分段匹配的 id 属性，那么浏览器会在打开页面后滚动到该标签。例如，如果在浏览器中加载 URL——https://en.wikipedia.org/wiki/Cat#Grooming，那么浏览器将打开网页，然后滚动到 Wikipedia 页面上有关猫的 Grooming 部分。这部分的 heading 标签类似于代码清单 7-7。

代码清单 7-7　与 URI 分段相对应的 HTML 标签

```
<h3 id="Grooming">Grooming</h3>
```

　　借助这种有用的浏览器内置行为，Wikipedia 允许用户直接链接到页面中的各个部分，以便你和你的室友最终可以解决有关猫美容的争议。

　　单页面应用还经常使用 URI 分段以直观的方式记录和重新加载状态。这类应用是基于 JavaScript 框架（例如 Angular、Vue.js 和 React）编写的，旨在避免浏览器重新加载网页时出现渲染闪烁。

　　避免这种渲染闪烁的一个潜在方法是将整个应用设计为使用一个永远不会更改的静态 URL 加载，因为改变浏览器栏中的 URL 通常会导致网页重新加载。但是，如果用户刷新浏览器以获取不变的 URL，那么浏览器会将网页重置为其初始状态，从而丢失用户以前所做动作的所有信息。

　　许多单页面应用通过使用 URI 分段来保持浏览器刷新状态，从而克服这一问题。我们通常会看到网页可以实现无限滚动：当用户向下滚动页面时，动态加载一个图像列表。URI 分段会更新显示用户向下滚动了多少。然后，即使浏览器刷新，JavaScript 代码也可以解释 URI 分段的内容，并在页面刷新时加载相关数量的图像。

　　按照设计，当浏览器呈现页面时，它不会将 URI 分段发送到服务器。当浏览器收到带有 URI 分段的 URL 时，它会记下该分段，并将其从 URL 中剥离，然后将剥离的 URL 发送到 Web 服务器。页面上执行的所有 JavaScript 都可以读取 URI 分段，并且浏览器会将完整的 URL 写入浏览器历史记录或书签（如果用户为页面添加了书签）。

　　不幸的是，这意味着 URI 分段不适用于任何服务器端代码——安全加固服务器端代码无法缓解基于 DOM 的 XSS 攻击。解析和使用 URI 分段的客户端 JavaScript 代码需要特别注意如何解析这些分段的内容。如果内容未经转义并直接写入网页的 DOM 中，那么攻击者可以通过此通道"走私"恶意 JavaScript 代码。攻击者可以使用 URI 分段中的某些恶意 JavaScript 代码制作 URL，然后诱使用户访问该 URL 来发起跨站点脚本攻击。

　　基于 DOM 的跨站点脚本攻击是一种相对较新的攻击形式，但它特别危险，因为代码的注入完全发生在客户端，并且无法通过检查 Web 服务器日志进行检测，这意味着你在进行代码审计时需要敏锐地意识到该漏洞是否存在，并知道如何缓解它。

缓解措施：从 URI 分段转义动态内容

　　在浏览器中执行的任何 JavaScript 代码，如果包含 URI 分段的一部分并构造 HTML，就很容易受到基于 DOM 的跨站点脚本攻击。这意味着使用客户端代码在 HTML 中插入 URI 分段中的值之前，需要小心地转义从 URI 分段中获取的任何内容，就像使用服务器端代码一样。

　　现代 JavaScript 模板框架的作者都充分意识到了 URI 分段会带来风险，并且不鼓励在代码中构建原始 HTML。例如，在 React 框架中编写未转义 HTML 的语法要求开发人员调用危险的 SetInnerHTML 函数，如代码清单 7-8 所示。

代码清单 7-8　在 React 框架中从文本设置未经处理的 HTML 非常危险

```
function writeSomeHTML () {
  return {__html: 'First &middot; Second'};
}
function MyComponent() {
  return <div dangerouslySetInnerHTML={writeSomeHTML()} />;
}
```

如果你的客户端 JavaScript 代码很复杂，请考虑切换到最新的 JavaScript 框架。它使代码库更易于管理，并且对安全的考虑也更加明显。与往常一样，请确保设置适当的内容安全策略。

7.4　小结

我们在本章中学习了跨站点脚本攻击，通过这种攻击，黑客会在用户浏览网页时将 JavaScript 注入站点的页面。黑客通常将恶意 JavaScript 注入来自数据库、HTTP 请求或 URI 分段的动态内容中。你可以通过转义动态内容中的任何 HTML 控制字符，并通过设置阻止执行内联 JavaScript 的内容安全策略来防御跨站点脚本攻击。

在下一章中，你将看到攻击者可以使用另一种方法来欺骗网站的用户：跨站点请求伪造。

第 8 章

跨站点请求伪造攻击

在上一章中，我们学习了黑客如何使用跨站点脚本攻击，通过页面元素（如评论部分、搜索结果和 URL）将 JavaScript 注入用户的 Web 浏览器中。现在，我们将学习黑客如何使用恶意链接来攻击网站的用户。

没有一个网站是孤岛。因为你的网站有一个公共的 URL，其他网站会经常链接到它，作为一个网站所有者，你应该鼓励这样做。更多的网站链接意味着更多的流量和更好的搜索引擎排名。

然而，并不是每个链接到你网站的人都有好的意图。攻击者可以诱使用户单击恶意链接，从而带来副作用。这称为跨站点请求伪造（CSRF 或 XSRF）。安全研究人员有时将 CSRF 称为 sea-surf。

CSRF 是一种很常见的漏洞，大多数主要网站中都曾出现过这种漏洞。攻击者利用 CSRF 窃取 Gmail 联系人列表，在 Amazon 上触发一键购买，以及更改路由器配置。本章将探讨 CSRF 攻击通常是如何工作的，并展示一些防范 CSRF 攻击的代码编写实践。

8.1 CSRF 攻击剖析

攻击者通常通过利用实现 GET 请求的网站来发起 CSRF 攻击，因为 GET 请求会更改 Web 服务器的状态。当受害者单击链接时，将触发 GET 请求，从而使攻击者可以构造误导性链接并写入执行意外动作的目标站点。GET 请求是 HTTP 请求中唯一包含 URL 中所有请求内容的类型，因此它们很容易受到 CSRF 攻击。

在 Twitter 的早期版本迭代中，你可以通过 GET 请求而不是站点当前使用的 POST 请求创建推文。这种疏忽使 Twitter 容易受到 CSRF 攻击：它使得创建 URL 链接成为可能，这些链接在被单击时将发布在用户的时间轴上。代码清单 8-1 中显示了其中一个 URL 链接。

代码清单 8-1　一旦单击该链接，将把你的推文发送到受害者的时间轴上

```
https://twitter.com/share/update?status=in%20ur%20twitter%20CSRF-ing%20ur%20tweets
```

精明的黑客利用这个漏洞在 Twitter 上制造了一个蠕虫病毒。因为他们可以使用一个 GET 请求来编写推文，所以他们构建了一个恶意链接，当单击该链接时，会发布一条包含不良消息和相同恶意链接的推文。当该推文的读者单击第一位受害者发布推文的链接时，他们也同样被欺骗发布了同一条推文。

黑客诱使少数受害者单击恶意链接，这些受害者在时间轴上发布了意想不到的推文。随着越来越多的用户出于好奇阅读原创推文并单击嵌入的链接，他们也在推特上发布同样的内容。很快，数以万计的推特用户被欺骗。第一个推特蠕虫就这样诞生了，推特的开发团队要非常及时地修复安全漏洞，以免事态失控。

8.2　缓解措施 1：遵循 REST 原则

为了保护你的用户免受 CSRF 攻击，请确保你的 GET 请求不会更改服务器的状态。你的网站应仅使用 GET 请求来获取网页或其他资源。你只能通过 PUT、POST 或 DELETE 请求执行更改服务器状态的动作，例如，登录或注销用户、重置密码、撰写帖子或关闭账户。这种设计原理称为代表性状态转移（REST），除了防御 CSRF 攻击之外，还具有其他许多优点。

REST 指出，你应该根据其意图将网站动作映射到适当的 HTTP 方法。应该使用 GET 请求获取数据或页面，使用 PUT 请求在服务器上创建新对象（例如，评论、上传或发送消息），使用 POST 请求修改服务器上的对象，并使用 DELETE 请求删除对象。

并非所有动作都有明显对应的 HTTP 方法。例如，当用户登录时，这是关于用

户是要创建新会话还是要修改其状态的哲学讨论。但是，就防范 CSRF 攻击而言，关键是要避免将更改服务器状态的操作分配给 GET 请求。

保护 GET 请求并不意味着在其他类型的请求中没有漏洞，正如我们要在第 2 种缓解措施中所看到的那样。

8.3　缓解措施 2：使用 anti-CSRF cookie

取消 GET 请求会关闭大多数 CSRF 攻击的大门，但是仍然需要防护使用其他 HTTP 动词的请求。使用这些动词的攻击比基于 GET 的 CSRF 攻击要少得多，而且需要做更多的工作，但是如果攻击者认为回报足够大，他们也可能会尝试这些攻击。

例如，他们可以诱使用户向你的站点提交 POST 请求，方法是让受害者在托管攻击者控制的第三方站点提交恶意表单或脚本。如果你的站点在对 POST 请求的响应中执行敏感动作，则需要使用 anti-CSRF cookie 来确保这些请求仅从你的站点内发起。敏感动作应该只从你自己的登录表单和 JavaScript 触发，而不是从可能诱使用户执行意外动作的恶意页面触发。

anti-CSRF cookie 是一个随机化的字符串令牌，Web 服务器将其写入一个名为 cookie 的参数。回想一下，cookie 是在浏览器和 Web 服务器之间以 HTTP 标头的形式来回传递的一小段文本。如果 Web 服务器返回的 HTTP 响应包含一个标头值，如 Set-Cookie: _xsrf=5978e29d4ef434a1，则浏览器将在下一个 HTTP 请求中以 Cookie: _xsrf=5978e29d4ef434a1 格式的标头发送回相同的信息。

安全网站使用 anti-CSRF cookie 来验证 POST 请求是否来自同一 Web 域上托管的页面。网站上的 HTML 页面将此字符串标记添加为一个 <input type="hidden" name="_xsrf" value="5978e29d4ef434a1"> 元素，用来使生成 POST 请求的任何 HTML 表单中都有该元素。当用户向服务器提交表单时，如果返回的 cookie 中的 _xsrf 值与请求正文中的 _xsrf 值不匹配，服务器将完全拒绝该请求。通过这种方式，服务器验证并确保请求来自站点内部，而不是来自恶意的第三方站点；只有从相同域加载网页时，浏览器才会发送所需的 cookie。

大多数现代 Web 服务器都支持 anti-CSRF cookie。由于 Web 服务器的语法略有不同，请务必查阅所选 Web 服务器的相关文档，以了解它们是如何实现这些 cookie 的。代码清单 8-2 显示了 Tornado Web 服务器的模板文件，其中包括 anti-CSRF 保护。

代码清单 8-2　Python 中 Tornado Web 服务器的模板文件，其中包含 anti-CSRF 保护

```
<form action="/new_message" method="post">
❶ {% module xsrf_form_html() %}
  <input type="text" name="message"/>
  <input type="submit" value="Post"/>
</form>
```

在本例中，`xsrf_form_html()` 函数 ❶ 生成一个随机令牌，并将其作为 input 元素写入 HTML 表单，如下所示：`<input type="hidden"name="_xsrf"value="5978e29d4ef434a1">`。然后，Tornado Web 服务器在 HTTP 响应标头中以 `Set-Cookie:_xsrf=5978e29d4ef434a1` 的格式写入相同的令牌。当用户提交表单时，Web 服务器验证表单中的令牌和返回的 cookie 标头中的令牌是否匹配。浏览器安全模型将根据同源策略返回 cookie，因此 cookie 值只能由 Web 服务器设置。所以服务器可以确保 POST 请求来自托管站点。

你应该使用 anti-CSRF cookie 来验证通过 JavaScript 发出的 HTTP 请求，这也可以保护 PUT 和 DELETE 请求。JavaScript 需要从 HTML 查询出 anti-CSRF 令牌，并在 HTTP 请求中将其传递回服务器。

实施 anti-CSRF cookie 之后，你的网站应该会更安全。现在你需要关闭最后一个空子，以确保攻击者不能窃取你的 anti-CSRF 令牌并将其嵌入恶意代码中。

8.4　缓解措施 3：使用 SameSite cookie 属性

针对 CSRF 攻击，你必须实现的最终保护是在设置 cookie 时指定 SameSite 属性。默认情况下，当浏览器生成对网站的请求时，它会将网站设置的最后一个已知 cookie 附加到请求，而不管请求的来源是什么。这意味着恶意跨站点请求将与你以前设置的任何安全 cookie 一起到达你的 Web 服务器。这本身并不能阻止 anti-CSRF 措施的失败，但是，如果攻击者从你的 HTML 表单中窃取安全令牌并将其设置到自己的恶意表单中，他们仍然可以发起 CSRF 攻击。

在设置 cookie 时指定 SameSite 属性会告诉浏览器，当从外部域（例如攻击者设置的恶意网站）生成请求是到你的站点时，将请求中的 cookie 剥离。在代码清单 8-3 中使用 SameSite=Strict 语法可以确保浏览器仅当请求来自你自己的站点时才发送 cookie。

代码清单 8-3　为我们的 anti-CSRF cookie 设置 SameSite 属性可确保该 cookie 仅附加到来自我们站点的请求

```
Set-Cookie: _xsrf=5978e29d4ef434a1; SameSite=Strict;
```

最好在所有 cookie 上都设置 SameSite 属性，而不仅仅是那些用于 CSRF 保护的 cookie。但是需要注意的是，如果你使用 cookie 进行会话管理，那么将 SameSite 属性设置为会话 cookie 将把来自其他网站对你的站点的任何请求中的 cookie 剥离出来。这意味着到你的站点的任何入站链接都将强制用户再次登录。

对于已经在你的站点上建立会话的用户来说，这种行为可能会有些烦人。想象一下，如果有人每次分享视频时都必须重新登录 Facebook。为避免这种情况，代码清单 8-4 显示了 SameSite 属性的一个更有用的值——Lax，该值仅允许来自其他站点的 GET 请求发送 cookie。

代码清单 8-4　在 HTTP cookie 上设置 SameSite 属性，允许在 GET 请求上使用 cookie

```
Set-Cookie: session_id=82938d911e13f3; SameSite=Lax;
```

这可以实现无缝链接到你的站点，并且会削弱攻击者伪造恶意动作（如 POST 请求）的能力。如果没有对 GET 请求带来其他影响，那么此设置同样安全。

8.5　额外的缓解措施：敏感动作需要重新验证

你可能会注意到，某些网站在执行敏感动作（例如更改密码或启动付款）时会强迫你重新确认登录详细信息。这称为重新认证，它是保护站点免受 CSRF 攻击的一种常用方法，因为它可以向用户明确表明你将要做一些重要的动作，并且可能会有潜在危险。

如果用户不小心将自己登录到共享或被盗的设备上，则重新认证还具有保护用户的积极作用。如果你的网站处理金融交易或机密数据，则应慎重考虑强迫用户在执行敏感动作时重新输入其凭据。

8.6　小结

攻击者可以使用来自其他网站的 Web 请求欺骗用户执行不希望的动作。可以从三个方面解决这种跨站点请求伪造攻击。

首先，请确保你的 GET 请求没有副作用，这样当用户单击恶意链接时，服务器状态不会更改。其次，使用 anti-CSRF cookie 来保护其他类型的请求。最后，使用 SameSite 属性设置这些 cookie，以从其他站点生成的请求中删除 cookie。

对于网站上非常敏感的动作，最好要求用户在请求执行这些动作时重新进行身份认证。这将增加一层针对 CSRF 攻击的保护，并在用户意外登录共享或被盗设备时保护他们。

在下一章中，我们将学习黑客在身份验证过程中如何尝试进行漏洞利用。

第 9 章

破坏身份认证

大多数网站都提供某种登录功能。这是一种身份认证形式，一种在用户返回你的网站时对其进行识别的过程。通过对用户进行身份认证，他们可以在在线社区中拥有特定的身份，可以在社区贡献内容、向他人发送消息、在线购物等。

如今，互联网用户习惯于使用用户名和密码注册一个网站，并在下次想使用时重新登录。另外一个事实是浏览器和插件可以缓存或选择密码，而且已经有很多第三方身份认证服务。

不过，这也有不利的一面。拥有访问用户账号的权限对于黑客来说是相当有诱惑力的。在互联网时代，黑客在暗网上出售窃取的凭证、劫持社交媒体账户来传播点击诱饵以及进行金融欺诈从未像现在这样容易。

在本章中，我们将研究黑客在登录和身份认证过程中入侵站点用户账号的一些方法。下一章将介绍用户登录并建立会话后面临的风险。我们将首先了解网站进行身份认证的最常用方法，并了解攻击者如何使用暴力破解进行攻击。然后，我们将学习如何通过第三方身份认证、单点登录以及身份认证防护系统来保护用户免受这些攻击。

9.1　实施身份认证

身份认证是超文本传输协议（HTTP）的一部分。为了提出身份认证挑战，Web服务器需要在 HTTP 响应中返回 401 状态代码，并添加描述首选身份认证方法的

WWW-Authenticate 标头。通常支持两种身份认证方法：基本身份认证和摘要身份认证。为了满足这一要求，用户代理（通常是 Web 浏览器）需要向用户请求用户名和密码，从而创建登录功能。

在基本身份认证方案中，浏览器将用户提供的用户名和密码用冒号（:）进行连接，生成 username:password 格式的字符串。然后，使用 Base64 算法对该字符串进行编码，并将其写入 HTTP 请求的 Authorization 标头中发送回服务器。

摘要身份认证方案稍微复杂一点，它要求浏览器生成由用户名、密码和 URL 组成的哈希值。该哈希值是单向加密算法的输出，可以很容易地为一组输入数据生成唯一的"指纹"，但是如果你只有算法的输出，则很难猜测输入值。在本章后面讨论如何安全地存储密码时，你将更深入地了解哈希算法。

9.1.1　HTTP 本地身份认证

尽管身份认证内置于超文本传输协议中，但受欢迎的网站很少使用基本身份认证或摘要身份认证，主要是出于可用性考虑。本地 Web 浏览器的身份认证提示不够友好。它看起来类似于一个 JavaScript 告警对话框，从浏览器中获取焦点，并中断浏览网站的体验，如图 9-1 所示。

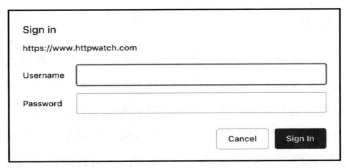

图 9-1　Google Chrome 浏览器的本地登录提示粗暴地中断了你的浏览会话

由于浏览器是在 HTML 之外实现身份认证提示的，因此我们无法设置本地身份认证提示的样式以匹配网站。作为本地浏览器窗口，它不会出现在网页中，浏览器也无法完成用户凭据自动输入。最后，由于 HTTP 身份认证没有指定在用户忘记密码时重置密码的方法，因此我们必须在登录提示之外单独实现重置功能，从而导致混乱的用户体验。

9.1.2 非本地认证

由于这种对用户不太友好的设计，内置的 HTTP 身份认证方法往往用在用户体验并不重要的应用程序中。现代网站通常用 HTML 实现自己的登录表单，如代码清单 9-1 所示。

代码清单 9-1 HTML 中的典型登录表单

```
<form action="/login" method="post">
❶ <input type="email" name="username" placeholder="Type your email">
❷ <input type="password" name="password" placeholder="Type your password">
  <input type="submit" name="login" value="Log in">
</form>
```

典型的登录表单包含一个 `<input type="text">` 元素 ❶，要求用户提供用户名，以及一个 `<input type="password">` 元素 ❷，该元素将输入的字符替换为·字符以隐藏密码。当用户提交表单时，提供的用户名和密码将作为 POST 请求发送到服务器。如果由于无法验证用户而出现登录失败的情况，那么服务器会在 HTTP 响应中回复 401 状态代码。如果登录成功，那么服务器会将用户重定向到其主页。

9.1.3 暴力破解攻击

攻击者经常在进行身份认证时尝试通过猜测密码来入侵你的站点。电影中通常会描述黑客使用有关目标的个人信息来猜测其密码。虽然这可能是备受关注的目标的一个问题，但黑客通常会使用暴力破解获得更大的成功，暴力破解攻击使用脚本在登录页面上尝试数千种常用密码。由于以前的数据泄露事件已经泄露了数百万个常用密码（包括代码清单 9-2 中的密码），因此攻击者可以轻松地确定应该首先尝试哪些密码。

代码清单 9-2 安全研究人员每年都会发布一份最常用密码的列表，这个列表每年的变化很小（*此列表由互联网安全公司 SplashData 提供*）

```
1. 123456
2. password
3. 12345678
```

```
4. qwerty
5. 12345
6. 123456789
7. letmein
8. 1234567
9. football
10. iloveyou
```

我们来看几种实现和保护身份认证的方法。

9.2 缓解措施1：使用第三方身份认证

最安全的身份认证系统是你不必自己编写的系统。与其使用自己的身份认证系统，不如考虑使用 Facebook 登录之类的第三方服务，该服务允许用户使用其社交媒体凭据对你的网站进行身份认证。这对他们来说很方便，并减轻了你必须存储用户密码的负担。

大型科技公司提供其他类似的身份认证服务。它们中的大多数基于开放式身份认证（OAuth）或 OpenID 标准——通常用于将身份认证委托给第三方的协议。你始终可以混合和匹配身份认证系统。它们通常很容易集成，因此请选择一个或多个对你的用户群有意义的方式。如果你提供与电子邮件相关的服务，则可以与 Google OAuth 集成，以要求你的用户访问其 Gmail 账户。如果你要提供技术服务，请使用 GitHub OAuth 之类的工具。Twitter、Microsoft、LinkedIn、Reddit 和 Tumblr 以及其他数百个网站都提供身份认证选项。

9.3 缓解措施2：与单点登录集成

如果与 OAuth 或 OpenID 身份提供商集成，则你的用户通常会将其个人电子邮件地址用作用户名。但是，如果你网站的目标受众是企业用户，请考虑与 Okta、OneLogin 或 Centrify 之类的单点登录（SSO）身份提供商集成，这类提供商可在整个企业系统中集中身份认证，以便员工可以在以下情况下使用他们的公司电子邮件无缝登录到第三方应用程序。公司管理员可以最终控制哪些员工可以访问哪些站点，并且用户凭据安全地存储在公司的服务器上。

要与单点登录提供程序集成，通常必须使用安全断言标记语言（SAML），尽管大多数编程语言都有成熟的 SAML 库，但 SAML 是一种比 OAuth 或 OpenID 更老（也不太友好）的标准。

9.4 缓解措施 3：保护自己的身份认证系统

尽管第三方身份认证通常比你自己的系统更安全，但是如果仅提供第三方身份认证，可能会在一定程度上限制你的用户群，因为并非每个人都拥有社交媒体或 Gmail 账户。对于其他所有人，你需要为他们创建一种可以注册并手动选择用户名和密码的方式。这意味着要在网站上创建单独的页面，用户可以在其中注册、登录和注销；还要编写代码来存储和更新数据库中的凭据，并在用户重新输入凭据时检查凭据是否正确。更可能的情况是，你需要一种让用户也可以更改他们的密码的机制。

因为有很多功能需要实现，在开始编写代码之前，你需要做出一些设计决策。让我们看看为了拥有安全的身份认证系统而需要正确处理的关键事项。

9.4.1 需要用户名、电子邮件地址或两个都要

用户注册时需要选择用户名和密码。大多数网站也会要求用户在注册时提交一个有效的电子邮件地址，这使得他们可以在用户忘记其凭据时发送密码重置电子邮件。

对于许多网站，用户的电子邮件地址就是他们的用户名。根据需要，每个电子邮件地址对应一个账户都必须是唯一的，因此选择一个单独的用户名通常是多余的。例外情况是当用户在站点上有可见的状态时，例如，当用户有公共配置文件时，或者在评论部分与其他用户交互时。这些类型的网站要求用户选择一个单独的显示名称。使用电子邮件地址作为显示名称是不太友好的做法，因为它可能会招致骚扰和垃圾邮件。

9.4.1.1 验证邮件

如果你打算从你的站点发送电子邮件（例如，允许用户重置密码），则需要验证

每个用户的电子邮件地址是否真实有效。由网站生成的电子邮件称为事务性电子邮件，因为该网站会根据用户操作发送它们。将事务性电子邮件发送到未经验证的地址将使你迅速被电子邮件服务提供商列入黑名单，因为它们会警惕垃圾邮件发送者。

首先，验证用户的电子邮件地址是否有效。这意味着验证电子邮件中是否只包含有效字符：字母、数字或任何特殊字符（!#$%&'*+-/=?^_`{|}~;.）。

邮件地址必须包含 @ 符号，在该符号的右边是有效的互联网域名。通常（但不总是）这个域名应该对应一个网站，比如 @gmail.com 地址对应于 www.gmail.com。至少，我们在第 2 章中讨论过的互联网域名系统（DNS）必须包含该域名的邮件交换（MX）记录，该记录告诉应用将电子邮件路由到哪里。可以在验证过程中查找 MX 记录，如代码清单 9-3 所示。

代码清单 9-3　在 Python 中使用 dnsresolver 库来验证域是否能够接收电子邮件

```
import dns.resolver
def email_domain_is_valid(domain):
  for _ in dns.resolver.query(domain, 'MX'):
    return True
  return False
```

但是，验证地址是否与正常电子邮件账户相对应的唯一 100% 可靠的方法是发送电子邮件并检查是否已收到。这意味着你必须向每个用户发送一封电子邮件，该电子邮件包含一个链接到你网站的电子邮件验证链接，并包含一个验证令牌——一个大的、随机生成的字符串，这个令牌存储在数据库中，与他们的电子邮件地址相对应。当用户单击链接以验证其对电子邮件地址的所有权时，你可以检查验证令牌是否为你发送的令牌，并确认他们确实有权访问该电子邮件账户。

许多网站强迫用户在完成注册过程之前先验证其电子邮件。有些网站允许用户在未认证状态下使用网站的有限功能，以减少烦琐的注册过程。在验证用户身份之前，切勿假定用户有权访问电子邮件账户。在此之前，请勿发送任何其他类型的事务性电子邮件或向用户注册邮件列表！

9.4.1.2　禁止使用一次性电子邮件账户

一些用户不愿意使用他们常用的电子邮件地址进行注册，而是使用由 10 Minute Mail 或 Mailinator 之类的服务或图 9-2 中所示的服务生成的临时电子邮件账户进行注册。这种类型的服务会生成一个一次性电子邮件账户，该账户可以在关闭之前接收少量邮件。如果用户使用这种类型的服务，通常意味着他们对注册邮件持谨慎态度（考虑到电子邮件营销人员的无情做法，这是一个相当合理的考虑）。

例如，如果你的某些用户正在生成临时账户来骚扰其他用户，那么可能需要禁止用户使用一次性电子邮件进行注册。如果是这样，你可以使用维护良好的一次性电子邮件提供商黑名单在注册过程中进行检测、拒绝和禁止一次性电子邮件域名。

图 9-2　需要一个临时电子邮件地址？快到 https://www.sharklasers.com/ 注册吧。这是一个真实的网站

9.4.1.3 密码重置功能防护

每个用户都匹配一个经过验证的电子邮件地址，可以使用户在忘记密码时重置密码（不可避免的）。只需向他们注册时提供的电子邮件地址发送一封包含密码重置链接的电子邮件，链接中包含一个新的验证令牌。当忘记密码的用户打开电子邮件并单击链接时，可以验证传入令牌，并允许该用户为其账户设置新密码。

密码重置链接应该是短暂的，并且应该在用户使用它们后过期。一个好的经验法则是在 30 分钟后使重置令牌过期，以防止攻击者滥用旧的重置链接。如果攻击者

入侵了用户的电子邮箱，也不能让他们通过搜索包含重置链接的电子邮件，然后使用这些链接通过受害者的账户访问你的网站。

9.4.2 要求复杂密码

复杂的密码一般比较难猜，所以在用户选择密码时，为了保护用户，应该要求用户的密码达到一定的复杂度标准。复杂的密码应该包括数字、符号和字母，混合大小写字符，而且要达到一定的长度。至少应将密码的最小长度强制要求为 8 个字符，当然是越长越好。研究表明，密码长度比混合不寻常的字符更重要。

但是，用户往往很难记住复杂的密码，因此，如果你对密码复杂度要求过高，那么用户通常会重复使用以前在另一个网站上输入的密码。一些安全站点会阻止用户重用以前的密码，从而迫使他们每次都选择一个新的唯一密码，进而使他们摆脱懒惰的习惯。不幸的是，大多数用户只会在常用密码的末尾添加一个数字来循环使用密码，但这并不能使密码的可猜测性明显降低。

归根结底，每个用户都应对自己的安全负责，因此通常最好让用户选择强密码，而不是强迫他们忍耐。一些 JavaScript 库（例如 password-strength-calculator 库）可用于评估用户输入密码的复杂程度，并调出常用密码，可以在注册和密码重置时使用这些功能来推动用户使用更安全的密码。

9.4.3 安全地存储密码

用户选择密码后，你需要将其以某种形式记录在数据库中，并与他们的用户名相对应，以便在他们再次登录时重新验证他们的凭据。不要简单地按原样存储密码，我们称之为明文存储，这是一个很大的安全问题。如果攻击者访问以明文形式存储密码的数据库，则他们可能会入侵每个用户账户，以及这些用户在其他网站上使用相同凭据的账户。幸运的是，有一种方法可以安全地存储密码，从而使密码在数据库中不可读，但允许你检查用户是否正确输入了密码。

9.4.3.1 密码哈希处理

在将密码存储在数据库之前，应先使用密码哈希算法对其进行处理。这样会将输入文本的原始字符串转换为固定长度的位字符串，以实现在计算上无法逆转该过程。然后，应该将该算法的输出值（哈希值）和用户名一起存储。

哈希算法是一种单向数学函数。猜测生成给定哈希输出（或简称为哈希）的输入字符串的唯一实用方法是依次尝试每个可能的输入字符串。通过存储用户密码的哈希值，你可以在用户重新输入密码时重新计算哈希值，并比较新旧哈希值以查看用户是否输入了正确的密码。

存在许多加密哈希算法，每种算法都有不同的实现方式和强度。一个好的哈希算法计算速度应该快，但也不能太快。否则，随着计算速度的提高，暴力破解密码的尝试通过列举所有可能的输入变得可行。基于这个原因，bcrypt 是一个很好的算法，如代码清单 9-4 所示，随着时间的推移，你可以在哈希函数中添加额外的迭代，以使其更强大、更耗时，因为计算能力越来越便宜。

代码清单 9-4　在 Python 中使用 bcrypt 算法对密码进行哈希运算，然后测试密码

```python
import bcrypt
password = "super secret password"

# Hash a password for the first time, with a randomly-generated salt
hashed = bcrypt.hashpw(password, bcrypt.gensalt(rounds=14❶))

# Check that an unhashed password matches one that has previously been hashed
if bcrypt.checkpw(password, hashed):
    print("It matches!")
else:
    print("It does not match :(")
```

可以增加 rounds 参数 ❶ 的值，以使密码哈希值更强。存储哈希密码而不是明文密码更加安全。包括你在内的任何访问数据库的人都无法直接解密密码，但是你的网站仍然可以确定用户是否正确地重新输入了密码。这样可以减轻你的安全负担，即使攻击者入侵了你的数据库，他们也很难处理哈希密码。

9.4.3.2　哈希加盐

哈希密码使你的网站更安全，但用户在选择密码时往往往缺乏想象力。在破解密码列表时，黑客经常使用彩虹（rainbow）表，这是通过已知的哈希算法输入的常用密码列表。将哈希与预先计算的值进行匹配可以为攻击者带来非常好的回报，从而使攻击者可以确定许多哈希的密码。

为了防止彩虹表攻击，你需要对密码哈希值加盐，这意味着在哈希算法中添加一个随机元素，这样输入密码就不会独立生成哈希值。你可以在配置中存储一个盐（salt）值，或者更好的是，为每个用户分别生成一个盐值，并将其和哈希值一起存储。这使彩虹表攻击变得非常困难，因为攻击者必须为你使用的每个盐值重新生成整个彩虹表，而这需要花费的时间很长，在计算上是不可能实现的。

9.4.4　多因素身份认证

无论你如何安全地存储密码，基于密码的身份认证系统总是容易受到暴力口令猜测攻击。要真正保护你的网站，请考虑通过多因素身份认证（Multifactor Authentication，MFA）来添加额外的安全防护层，这要求用户至少使用以下三类信息中的两类来标识自己：他们知道什么、他们有什么和他们是什么。多因素身份认证的一个示例是银行 ATM，需要账户持有人的 PIN（他们知道的东西）和他们的银行卡（他们拥有的东西）。另一个示例是使用生物识别技术识别个人的设备，例如智能手机上的指纹识别（他们是什么）。

对于网站，多因素身份认证通常可以归结为要求用户名和密码（用户知道的东西），并确认用户在智能手机上安装了身份验证器（他们拥有的东西）。在注册期间，每个用户都需要将身份验证器应用程序与网站同步（通常是通过扫描屏幕上的 QR 码）。此后，该应用程序会生成一个六位的随机数，用户需要在登录时提供该随机数才能成功登录，如图 9-3 所示。

这迫使攻击者了解受害者的凭据并访问受害者的智能手机，以入侵他们的账户，这是极不可能的组合。鉴于智能手机无处不在，对多因素身份认证的支持正日益成为一种规范。如果你的网站进行任何类型的财务处理，则绝对应该实施多因素身份认证。值得庆幸的是，许多代码库使集成变得相对容易。

图 9-3　你的用户会喜欢输入六位数的数字

9.4.5   实现并保护注销功能

如果你对站点上的用户进行身份认证，请不要忘记添加一个函数，让他们也可以从你的站点注销。考虑到用户似乎一直保持登录社交媒体的状态，这似乎是一个不合时宜的做法，但对于登录共享设备的用户来说，具有注销功能是一个关键的安全考虑因素。很多家庭共用一台笔记本电脑或 iPad，公司经常重复使用电脑和便携设备，所以一定要让你的用户注销！

注销功能应清除浏览器中的会话 cookie，如果将会话标识符存储在服务器端，则该会话标识符将无效。这样可以防止攻击者在事后设法拦截会话 cookie，并尝试使用被盗的 cookie 重新建立会话。清除会话 cookie 就像发回一个 HTTP 响应一样简单，该 HTTP 响应包含一个 Set-Cookie 标头，其中的 session 参数为空值。

9.4.6   防止用户枚举

如果攻击者无法枚举用户，则可以降低攻击者入侵身份认证系统的风险，这意味着测试列表中的每个用户名以查看其是否存在于你的网站上。攻击者经常使用泄露的凭据，并试图验证目标网站上是否存在这些用户名。在缩小列表范围之后，继续猜测匹配用户名的密码。

9.4.6.1   防止潜在的枚举漏洞

登录页面通常使攻击者可以确定是否需要登录认证。如果页面上显示的密码错误消息与未知用户的错误消息不同，则攻击者可以从响应中推断出某些用户名是否对应于你网站上存在的账户。保持错误消息的通用性以避免泄露此类信息非常重要。例如，在用户名无法识别或密码不正确时使用相同的错误消息——不正确的用户名或密码。

攻击者还可以通过测量 HTTP 响应时间来使用计时攻击枚举用户。哈希密码是一个耗时的操作；虽然它通常用时不到一秒钟，但仍然是一个可测量的时间量。如果你的站点仅在用户输入有效用户名时计算密码哈希值，则攻击者可以测量响应时间来推断站点上存在哪些账户。确保你的站点在身份认证期间计算密码哈希值，即便是对于无效的用户名。

你还应该防止密码重置页面透漏用户名是否存在。如果攻击者单击"忘记密码"链接并输入电子邮件地址以请求密码重置链接，则页面上的响应消息不应显示是否发送了重置电子邮件。这样可以防止攻击者知道该电子邮件地址是否绑定到你站点上的账户。保持信息中立，比如检查你的收件箱（Check your ihbox）。

9.4.6.2 实施验证码

你还可以通过实施验证码（CAPTCHA 区分计算机和人类的完全自动化公共图灵测试）来消除用户枚举攻击，该测试要求 Web 用户执行各种图像识别任务，这些任务对人类来说比较琐碎，但对计算机来说却很棘手。如图 9-4 所示，使得攻击者无法通过黑客脚本滥用网页。

验证码并不完美。攻击者可以使用复杂的机器学习技术来击败它们，或者通过向人类用户付费来代替他们完成任务。但是，它们通常足够可靠，可以阻止大多数黑客的攻击尝试，你可以轻松地将它们添加到网站中。例如，Google 实现了一个名为 reCAPTCHA 的验证码小程序，你可以使用几行代码将其实现在你的网站上。

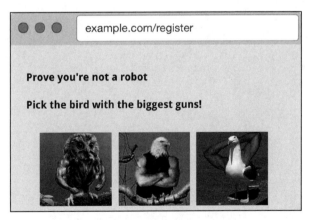

图 9-4　有些任务对于计算机来说太难了，无法成功完成

9.5　小结

黑客经常试图攻击你的身份认证系统，以窃取用户的凭据。为了保护你的网站，可以使用第三方身份认证系统（例如 Facebook 登录凭据）或单点登录身份系统提供商。

如果你正在实现自己的身份认证系统，则需要用户在注册时选择用户名和密码。你应该为每个用户存储和验证电子邮件地址，将此电子邮件用作用户名是有意义的，除非你需要用户具有可见的显示名称。

验证电子邮件地址的唯一可靠方法是向其发送一封电子邮件，其中包含带有唯一的临时验证令牌的链接，你的站点可以在用户单击该链接时检查令牌。为忘记密码的用户设置的密码重置机制应以相同的方式工作。密码重置电子邮件和初始验证电子邮件应在一段时间后以及首次使用后无效。

在存储密码之前，应该使用密码哈希算法处理密码。还应该为密码哈希添加盐值以防止彩虹表攻击。

如果你的站点中存在敏感数据，请考虑添加多因素身份认证。确保你的网站具有注销功能。保持登录失败消息通用，以防止黑客枚举网站的用户名。

在下一章中，我们将研究攻击者通过窃取会话来攻击用户的方式。

第 10 章

会 话 劫 持

成功验证用户身份后，浏览器和服务器之间将建立一个 HTTP 会话。其中浏览器发送一系列与用户动作相对应的 HTTP 请求，并且 Web 服务器将其识别为来自同一经过身份认证的用户，而无须用户为每个请求重新登录。

如果黑客可以访问或伪造浏览器发送的会话信息，那么他们可以访问网站上任何用户的账户。幸运的是，现代的 Web 服务器包含安全的会话管理代码，这使得攻击者几乎无法操纵或伪造会话。但是，即使服务器的会话管理功能没有任何漏洞，黑客仍可以在会话进行过程中窃取他人的有效会话，这称为会话劫持。

会话劫持漏洞通常比上一章讨论的身份认证漏洞风险更大，因为它们同样允许攻击者访问你的任何用户账户。这对于黑客来说有很大的吸引力，而且黑客已经找到了许多方法来劫持会话。

在本章中，你将首先了解网站如何实现会话管理。然后了解黑客劫持会话的三种方式：cookie 窃取、会话确定（session fixation）和利用弱会话 ID。

10.1　会话的工作方式

要了解攻击者如何劫持会话，首先需要了解当用户和 Web 服务器建立会话时会发生什么。

当用户通过 HTTP 进行身份认证时，Web 服务器会在登录过程中为他们分配一个会话 ID（session ID）。会话 ID 通常是一个很大的随机生成的数字，它是浏览器在每个后续 HTTP 请求中需要传输的最小信息，这样服务器就可以继续与经过身份认证的用户进行 HTTP 会话。Web 服务器识别每个请求提供的会话 ID，将其映射到相应的用户，并代表他们执行动作。

请注意，会话 ID 必须是与用户名不同的临时赋值。如果浏览器使用的会话 ID 仅仅是用户名，那么黑客就可以假装成他们喜欢的任何用户。根据设计，在任何给定的时间，只有极少数可能的会话 ID 对应于服务器上的有效会话。如果不是这样，Web 服务器会显示弱会话漏洞，我们将在本章后面讨论。

除了用户名之外，Web 服务器通常还会存储会话 ID 和其他会话状态，其中包含有关用户最近活动的相关信息。例如，会话状态可能包含用户访问过的页面列表，或者当前位于其购物车中的物品。

现在，我们知道了用户和 Web 服务器建立会话时会发生什么，让我们看一下网站如何实现这些会话。有两种常见的实现，通常称为服务器端会话和客户端会话。我们来回顾一下这些方法的工作原理，以便了解漏洞出现的位置。

10.1.1　服务器端会话

在传统的会话管理模型中，Web 服务器将会话状态保存在内存中，Web 服务器和浏览器会来回传递会话 ID。这称为服务器端会话。代码清单 10-1 展示了服务器端会话的 Ruby on Rails 实现。

代码清单 10-1　Ruby on Rails 使用会话 ID（sid）实现服务器端会话

```
# Get a session from the cache.
def find_session(env, sid)
  unless sid && (session = @cache.read(cache_key(sid))❸)
    sid, session = generate_sid❶, {}
  end
  [sid, session]
end

# Set a session in the cache.
def write_session(env, sid, session, options)
  key = cache_key(sid)
  if session
❷ @cache.write(key, session, expires_in: options[:expire_after])
  else
    @cache.delete(key)
```

```
        end
        sid
    end
```

　　会话对象是在 ❶ 创建，在 ❷ 写入服务器的内存，然后在 ❸ 重新加载。

　　从发展历史来看，Web 服务器曾经尝试以多种方式传输会话 ID：在 URL 中、作为 HTTP 标头或在 HTTP 请求正文中。到目前为止，Web 开发社区决定使用的最常见（最可靠）的机制是将会话 ID 作为会话 cookie 发送。使用会话 cookie 时，Web 服务器在 HTTP 响应的 Set-Cookie 标头中返回会话 ID，浏览器使用 cookie 标头将相同的信息附加到后续的 HTTP 请求中。

　　自 1995 年 Netscape 首次引入 cookie 以来，它就一直是超文本传输协议（HTTP）的一部分。与 HTTP 原生身份认证不同，几乎每个网站都使用 cookie。基于欧盟的法律，你应该很清楚这个事实：欧盟法律要求网站通知用户他们正在使用 cookie。

　　服务器端会话已得到广泛实施，并且通常非常安全。但其扩展性确实受限，因为 Web 服务器必须将会话状态存储在内存中。

　　这意味着在身份认证时，只有一个 Web 服务器知道已建立的会话。如果相同用户的后续 Web 请求被定向到不同的 Web 服务器，那么新的 Web 服务器需要能够识别返回的用户，因此 Web 服务器需要一种共享会话信息的机制。

　　通常，这需要在每次请求时将会话状态写入共享缓存或数据库，并在新的 HTTP 请求到达时让每个 Web 服务器读取缓存的会话状态。这两种操作都很耗费时间和资源，如果网站的用户基数较大，就可能会影响网站响应能力，因为添加到网站的每个用户都可能给会话存储增加负担。

10.1.2　客户端会话

　　由于服务器端会话的扩展性问题已被证明不适合大型站点，Web 服务器开发人员发明了客户端会话。实现客户端会话的 Web 服务器将传递 cookie 中的所有会话状态，而不是仅传回 Set-Cookie 标头中的会话 ID。在 HTTP 标头中设置会话状态之前，服务器将会话状态序列化为文本。通常，Web 服务器将会话状态编码为 JSON（JavaScript Object Notation）格式，并在将其返回到服务器时进行反序列化。代码清单 10-2 展示了 Ruby on Rails 实现客户端会话的一个示例。

代码清单 10-2　将会话数据存储为客户端 cookie 的 Ruby on Rails 代码

```
def set_cookie(request, session_id, cookie)
  cookie_jar(request)[@key] = cookie
end

def get_cookie(req)
  cookie_jar(req)[@key]
end

def cookie_jar(request)
  request.cookie_jar.signed_or_encrypted
end
```

通过使用客户端会话，Web 服务器不再需要共享状态。每个 Web 服务器都拥有通过传入的 HTTP 请求重新建立会话所需的一切。当你尝试扩展到成千上万的并发用户时，这将很有用处！

然而，客户端会话确实会带来明显的安全问题。通过客户端会话的简单实现，恶意用户可以很容易地操纵会话 cookie 的内容，甚至完全伪造它们。这意味着 Web 服务器必须以防止破坏的方式对会话状态进行编码。

保护客户端会话 cookie 的一种流行方法是在将序列化的 cookie 发送到客户端之前对其进行加密。然后，当浏览器返回 cookie 时，Web 服务器会将其解密。这种方法使得会话状态在客户端完全不透明。任何试图操纵或伪造 cookie 的行为都会破坏编码的会话并使 cookie 无法读取。服务器只需注销恶意用户并将其重定向到错误页面即可。

另一种更轻量级的保护会话 cookie 的方法是在 cookie 发送时向其添加数字签名。数字签名充当某些输入数据的唯一"指纹"，本例中的输入数据是指序列化之后的会话状态。只要拥有最初用于生成签名的签名密钥，任何人都可以轻松地重新计算签名。对 cookie 进行数字签名使 Web 服务器能够检测到操纵会话状态的尝试，因为它会计算出不同的签名值，如果发现任何篡改，则会拒绝该会话。

对 cookie 进行签名而不是对它们进行加密仍然允许搞破坏的用户在浏览器调试器中读取会话数据。如果你正在存储有关用户的数据，而这些数据是你可能不希望他们看到的跟踪信息，那么你就应该注意这一点。

10.2　攻击者如何劫持会话

我们已经讨论了会话以及网站如何实现它们，接下来让我们看看攻击者如何劫持会话。攻击者使用三种主要方法来劫持会话：cookie 窃取、会话确定和利用弱会话 ID。

10.2.1　cookie 窃取

随着 cookie 的广泛使用，攻击者一般会通过窃取经过身份认证的 Cookie 标头值来实现会话劫持。通常使用以下三种技术之一窃取 cookie：在用户与站点交互时向站点中注入恶意 JavaScript 代码（跨站点脚本）、嗅探网络流量以拦截 HTTP 标头（中间人攻击），或者通过身份认证后触发对站点的意外 HTTP 请求（跨站点请求伪造）。

幸运的是，现代浏览器实现了简单的安全措施，允许你针对这三种技术保护会话 cookie。只需将关键字添加到服务器返回的 Set-Cookie 标头中就可以启用这些安全措施，如代码清单 10-3 所示。

代码清单 10-3　出现在 HTTP 响应中的会话 cookie，通过关键字指令的组合可以防止会话劫持

```
Set-Cookie: session_id=2782839109773381992837; HttpOnly; Secure; SameSite=Lax
```

让我们回顾一下窃取 cookie 的三种技术，以及可以降低它们成功率的关键字。

10.2.1.1　跨站点脚本

攻击者经常使用跨站点脚本（我们在第 7 章中详细讨论过）来窃取会话 cookie。他们往往会尝试使用注入用户浏览器中的 JavaScript 代码读取用户的 cookie，并将其发送到攻击者控制的外部 Web 服务器。然后，攻击者将收割这些出现在 Web 服务器日志文件中的 cookie，将 cookie 值剪切并粘贴到浏览器会话中（或更可能是将其添加到脚本中），以在被入侵的用户会话下执行动作。

要通过跨站点脚本消除会话劫持，请在 Set-Cookie 标头中将所有 cookie 标记为 HttpOnly。这告诉浏览器不要让 cookie 对 JavaScript 代码可用。将 HttpOnly 关键字追加到 Set-Cookie 响应标头中，如代码清单 10-4 所示。

代码清单 10-4　将 cookie 标记为 HttpOnly 以阻止 JavaScript 代码访问它们

```
Set-Cookie: session_id=278283910977381992837; HttpOnly
```

几乎没有充分的理由允许客户端 JavaScript 代码访问 cookie，因此这种方法的缺点很少。

10.2.1.2　中间人攻击

攻击者还可以使用中间人攻击（man-in-the-middle）来窃取 cookie：攻击者在浏览器和 Web 服务器间进行通信时读取它们之间的网络流量。为了防止通过中间人攻击窃取 cookie，你的网站应使用 HTTPS。我们将在第 13 章中学习如何启用 HTTPS。

在 Web 服务器上启用 HTTPS 后，应该将 cookie 标记为 Secure，如代码清单 10-5 所示，这样浏览器就知道永远不要通过 HTTP 发送未加密的 cookie。

代码清单 10-5　将 cookie 标记为安全意味着将 Secure 关键字添加到 Set-Cookie 响应标头中

```
Set-Cookie: session_id=278283910977381992837; Secure
```

大多数 Web 服务器都配置为同时响应 HTTP 和 HTTPS，但是会将 HTTP URL 重定向到等效的 HTTPS。将 cookie 标记为 Secure 将阻止浏览器在发生重定向之前发送 cookie 数据。

10.2.1.3　跨站点请求伪造

攻击者劫持会话的最后一种方法是通过跨站点请求伪造（已在第 8 章中详细介绍）。使用 CSRF 的攻击者无须访问用户的会话 cookie。相反，他们只需要诱骗受害者单击指向你网站的链接即可。如果用户已经在你的站点上建立了会话，那么浏览器将发送其会话 cookie 以及由链接触发的 HTTP 请求，这可能导致用户无意中执行敏感动作（例如，正好喜欢黑客尝试推销的东西）。

要消除 CSRF 攻击，请使用 SameSite 属性标记 cookie，该属性指示浏览器仅发送包含从你的站点生成的 HTTP 请求的会话 cookie。浏览器将从其他 HTTP 请求中删除会话 cookie，比如通过单击电子邮件中的链接生成的请求。

SameSite 属性有两个选项：Strict 和 Lax。代码清单 10-6 所示的 Strict 选项的优点是从外部站点触发的所有 HTTP 请求中的 cookie 都会被剥离。

代码清单 10-6　Strict 选项将删除从外部站点生成的请求中的 cookie

```
Set-Cookie: session_id=278283910977381992837; SameSite=Strict
```

如果用户通过社交媒体共享内容，那么 Strict 选项可能会令人讨厌，因为这会强制任何人需要单击链接再次登录才可以查看内容。为了解决用户的烦恼，请使用 SameSite = Lax 选项将浏览器配置为仅允许 GET 请求使用 cookie，如代码清单 10-7 所示。

代码清单 10-7　Lax 选项允许在社交媒体上轻松地共享链接，同时仍然可以消除通过 CSRF 进行会话劫持的攻击

```
Set-Cookie: session_id=278283910977381992837; SameSite=Lax
```

SameSite=Lax 选项指示浏览器将 cookie 附加到入站 GET 请求，同时将它们从其他请求类型中剥离。由于网站一般通过 POST、PUT 或 DELETE 请求执行敏感动作（如编写内容或发送消息），因此攻击者无法诱使受害者执行这些类型的敏感动作。

10.2.2　会话确定

在互联网的早期历史上，许多浏览器没有实现 cookie，因此 Web 服务器找到了传递会话 ID 的其他方法。最流行的方法是通过 URL 重写——将会话 ID 附加到用户访问的每个 URL。到目前为止，Java Servlet 规范描述了当 cookie 不可用时，开发人员如何将会话 ID 添加到 URL 末尾。代码清单 10-8 展示了一个 URL 重写的例子，其中包含一个会话 ID。

代码清单 10-8　URL 传递会话 ID 1234 的示例

```
http://www.example.com/catalog/index.html;jsessionid=1234
```

现在所有的浏览器都支持 cookic，所以 URL 重写就不合时宜了。然而，历史遗留的网站可能被配置为仍然以这种方式接受会话 ID，这会带来几个主要的安全问题。

首先，在 URL 中写入会话 ID 会导致它们在日志文件中泄露。可以访问日志的攻击者只需在浏览器中丢弃这些类型的 URL 就可以劫持用户的会话。

其次是称为会话确定的漏洞。当易受会话确定攻击的 Web 服务器在 URL 中遇到未知的会话 ID 时，它们会要求用户进行身份认证，然后在提供的会话 ID 下建立会话。

这样一来，黑客就可以提前确定会话 ID，并向受害者发送诱饵链接（通常是网站评论部分中的未经请求的电子邮件或垃圾邮件）和确定的会话 ID。任何单击链接的用户都可能被劫持会话，因为攻击者可以在自己的浏览器中简单地使用相同的 URL，并提前确定会话 ID。单击链接并将其记录下来的行为会将虚拟会话 ID 转换为黑客所知道的真实会话 ID。

如果你的 Web 服务器支持 URL 重写作为会话跟踪的一种方式，则应使用相关的配置选项将其禁用。它没有任何作用，并且会使你遭受会话确定攻击。代码清单 10-9 中显示了如何通过编辑 web.xml 配置文件在流行的 Java Web 服务器 Apache Tomcat 7.0 中禁用 URL 重写。

代码清单 10-9　在 Apache Tomcat 7.0 中指定会话跟踪使用 COOKIE 模式将禁用 URL 重写

```
<session-config>
    <tracking-mode>COOKIE</tracking-mode>
</session-config>
```

10.2.3　利用弱会话 ID

正如我们已经讨论过的，如果攻击者能够访问会话 ID，他们就可以劫持用户的会话。他们可以通过窃取一个会话 cookie 或者为支持 URL 重写的服务器提前确定一个会话来做到这一点。但是，更暴力的方法是简单地猜测会话 ID。因为会话 ID 通常只是数字，所以如果这些数字足够小或可预测，则攻击者可以编写脚本来枚举潜在的会话 ID，并针对 Web 服务器对其进行测试，直到找到有效的会话为止。

真正的随机数很难在软件中生成。大多数随机数生成算法都使用环境因素（如系统的时钟时间）作为种子来生成随机数。如果攻击者能够确定足够多的种子值（或将其减少到合理数量的潜在值），则可以枚举潜在有效的会话 ID，并针对你的服务器进行测试。

标准 Apache Tomcat 服务器的早期版本容易受到此类攻击。安全研究人员发现，随机会话 ID 生成算法的种子是系统时间和内存中对象的哈希码。研究人员能够使用这些种子来缩小潜在的输入值范围，以使他们可以更有效地猜测会话 ID。

请查阅 Web 服务器的文档，并确保它使用强大的随机数生成算法生成无法猜测的长会话 ID。由于安全研究人员经常在攻击者利用弱会话 ID 算法之前就发现它们，因此请确保同时关注安全建议，它将告诉你何时需要修补 Web 堆栈中的漏洞。

10.3　小结

网站成功验证用户身份后，浏览器和服务器将建立会话。会话状态可以作为加密的或数字签名的 cookie 存储在服务器端，也可以存储在客户端。

黑客会试图窃取你的会话 cookie，所以你应该确保它们受到保护。为了防止通过跨站点脚本进行会话劫持，请确保 JavaScript 代码无法访问 cookie。为了防止通过中间人攻击进行会话劫持，请确保你的 cookie 仅通过 HTTPS 连接传递。为了防止通过跨站点请求伪造劫持会话，请确保剥离敏感跨站点请求的 cookie。在 HTTP 响应中添加 Set-Cookie 标头时，可以分别使用关键字 HttpOnly、SecureOnly 和 SameSite 来添加这些防护。

早期的 Web 服务器可能容易受到会话确定攻击，因此请确保禁用 URL 重写作为传递会话 ID 的一种方式。有时，Web 服务器会使用可猜测的会话 ID，因此请注意软件堆栈的安全建议，并根据需要进行修补。

在下一章中，我们将学习如何正确实施访问控制，以使恶意用户无法访问你的内容或执行他们不应该执行的操作。

第 11 章

权　　限

网站上的用户通常具有不同级别的权限。例如，在内容管理系统中，部分用户是具有编辑网站内容权限的管理员，而大多数用户只能查看内容并与之交互。社交媒体网站有一个更复杂的权限网：用户可以选择只与朋友共享某些内容，或者锁定他们的个人资料。对于 webmail 站点，每个用户应该只能访问自己的电子邮件！重要的是，你必须在整个站点上正确、统一地实施这些类型的权限，否则你的用户将失去对你的信任。

Facebook 在 2018 年 9 月遭遇了灾难性的用户权限问题，黑客可以利用其视频上传工具中的一个漏洞生成访问令牌。网站上多达 5000 万个账户被泄露。黑客窃取了用户姓名、电子邮件和电话号码等个人资料。Facebook 修复了这个漏洞，发布了安全公告，并通过媒体进行了道歉。然而，这一事件发生在一年的结束之际，当时有很多关于 Facebook 的不利报道，公司股价遭受重创。

这次黑客攻击 Facebook 可以说是一个提权（privilege escalation）示例，恶意用户借此篡夺另一个用户的权限。将正确的权限应用于每个用户的过程称为实施访问控制（access control）。本章涵盖了这两个概念，并介绍黑客利用访问控制不足进行攻击的一种常见方法——目录遍历。

11.1　提权

安全专家将提权（privilege escalation）攻击分为两类：纵向提权和横向提权。对于纵向提权，攻击者可以使用比其权限更大的权限访问账户。如果攻击者可以在你的服务器上部署 Web shell（一个执行脚本，该脚本接受 HTTP 请求的元素并在命令行上运行它们），首要目标之一就是将其提升为 root 特权，以便可以执行任何他们希望在服务器上执行的操作。通常，发送到 Web shell 的命令将在运行 Web 服务器的同一操作系统账户下执行，该账户通常具有有限的网络和磁盘访问权限。黑客已经找到了很多方法来对操作系统进行纵向提权攻击，以试图获得 root 权限，从而使他们能够从一个 Web shell 感染整个服务器。

对于横向提权，攻击者使用与自己账户类似的权限访问另一个账户。在前两章中，我们讨论了执行此类攻击的常用方法：猜测密码、劫持会话或恶意构建 HTTP 请求数据。2018 年 9 月的 Facebook 安全事件就是横向提权的一个例子，原因是一个 API 在没有正确验证用户权限的情况下签发了访问令牌。

为了保护你的站点免受提权攻击，你需要安全地对所有敏感资源实施访问控制。我们来看看如何实现。

11.2　访问控制

你的访问控制策略应涵盖三个关键方面：

❏ **认证**（authentication）　当用户访问网站时需要正确地进行身份识别。

❏ **授权**（authorization）　确定用户身份后需要决定其可以执行哪些操作。

❏ **权限检查**（permission checking）　在用户尝试执行操作时评估授权。

第 9 章和第 10 章详细介绍了身份认证。我们学习了如何保护登录功能以及会话管理如何使你可靠地确定哪个用户正在发出 HTTP 请求。但是，你仍然需要确定每个用户可以执行哪些操作，这是一个更开放的问题。

好的访问控制策略包括三个阶段：设计授权模型、实现访问控制和测试访问控制。之后，你还可以添加审核记录，并确保没有遗漏常见的疏忽。我将详细介绍每一个阶段。

11.2.1　设计授权模型

有几种在软件应用程序中对授权进行建模的常用方法。设计授权模型时，务必记录如何将所选模型应用于用户。如果没有一套商定的规则，就很难定义一个"正确的"实施方案。

考虑到这一点，让我们看一些对授权规则进行建模的常用方法。

11.2.1.1　访问控制列表

访问控制列表（Access Control List，ACL）是对授权进行建模的一种简单方法，该授权针对系统中的每个对象附加一个权限列表，用于指定每个用户或账户可以对该对象执行的操作。基于 ACL 模型的典型示例是 Linux 文件系统，它可以分别授予每个用户对每个文件和目录的读取、写入或执行权限。大多数 SQL 数据库实现基于 ACL 授权——用于连接数据库的账户确定你可以读取或更新哪些表，或者是否可以更改表结构。

11.2.1.2　白名单和黑名单

授权建模的另一种简单方法是使用白名单或黑名单。白名单描述了可以访问特定资源的用户或账户，并禁止了所有其他用户。黑名单明确描述了被禁止访问资源的用户或账户，这意味着任何其他用户或账户都应该可以访问该资源。垃圾邮件过滤器经常使用白名单和黑名单来区分电子邮件应用程序应该直接发送到垃圾邮件文件夹的电子邮件地址，或者永远不应该发送到垃圾邮件文件夹的电子邮件地址。

11.2.1.3　基于角色的访问控制

最全面的授权模型可能是基于角色的访问控制（Role-Based Access Control，RBAC），这种模型授予用户角色或把用户添加到具有特定角色的组。系统中的策略定义每个角色如何与特定主题（计算机系统里的资源）进行交互。

一个简单的 RBAC 系统可以通过将用户添加到 Administrators 组中来指定某些用户为管理员，这将授予他们 Administrator 角色。然后，通过一个策略允许具有管理员角色的用户或组编辑站点的特定内容。

Amazon Web Services 身份和访问管理（IAM）系统是基于角色的综合系统的一个示例，Microsoft 的 Active Directory 也是如此。基于角色的访问控制功能强大，但往往很复杂。策略可能相互矛盾，从而给开发人员带来需要解决的冲突，并且用户可能属于多个具有重叠关注点的组。在这种情况下，有时可能很难理解为什么系统要做出某些访问控制决策或在特定情况下对某些规则进行优先级排序。

11.2.1.4　基于所有权的访问控制

在社交媒体时代，围绕所有权的概念来组织访问控制规则已变得很普遍，由此每个用户都可以完全控制自己上传的照片或创建的帖子。从本质上讲，社交媒体用户是他们自己内容的管理员：他们可以创建、上传、删除和控制自己的帖子、评论、照片和故事的可见性。他们可以在照片等内容中标记其他用户，尽管这些其他用户可能必须在标记公开之前批准这些标记。在社交媒体网站上，每种类型的内容都有一个隐含的隐私级别：对彼此的帖子进行评论通常是公开的，但用户之间的直接消息是不公开的。

11.2.2　实施访问控制

在选择了授权模型并为站点定义了访问规则之后，需要在代码中实现它们。你应该尝试将访问控制决策集中在你的代码库中，这样可以更容易地在代码审计期间根据你的设计文档进行验证。你不一定需要所有的访问决策都通过一个代码路径，但是有一个评估访问控制决策的标准方法是很重要的。

实现授权规则的方法有很多：使用函数或方法装饰器（使用特定权限级别标记函数）、URL 检查（例如，在敏感路径前面加上 /admin），或者在代码中插入内联断言。一些实现将遵从来自专用权限组件或内部 API 的访问控制决策。代码清单 11-1 展示了一个向 Python 函数添加权限检查的示例。

代码清单 11-1　使用 Python 中的 django Web 服务器检查权限

```
from django.contrib.auth.decorators import login_required, permission_required

❶ @login_required
❷ @permission_required('content.can_publish')
  def publish_post(request):
      # Publish a post to the front page.
```

在允许用户发布文章之前，Web 服务器要求用户已登录 ❶ 并具有发布内容 ❷ 的权限。代码清单 11-2 展示了在 Ruby 中如何使用 pundit 库检查权限。

代码清单 11-2　使用 Ruby 中的 pundit 库检查权限

```
def publish
  @post = Post.find(params[:id])
```

```
❶ authorize @post, :update?
  @post.publish!
  redirect_to @post
end
```

方法调用 ❶ 询问当前登录的用户是否具有权限更新由 @post 对象描述的社交媒体帖子。

无论使用哪种方法实施权限检查，请确保根据经过正确审查的身份数据做出访问控制决策。除了会话 cookie 之外，不要依赖 HTTP 请求中的任何内容来推断哪个用户正在访问资源以及他们拥有哪些权限。恶意用户可以篡改请求中的任何其他内容，以进行提权攻击。

11.2.3 测试访问控制

对访问控制系统进行严格的测试是很重要的。确保测试过程真正尝试在你的访问控制方案中发现漏洞；如果你像攻击者一样对待它，那么当第一次真正的攻击发生时，你将有更好的准备。

编写单元测试，以断言谁可以访问某些资源，更重要的是，谁不能访问这些资源。在向站点添加功能时，要养成编写描述访问控制规则的新单元测试的习惯。如果你的网站具有管理界面，这一点尤其重要，因为它们是攻击者在入侵网站时会利用的常见"后门"。代码清单 11-3 显示了 Ruby 中的一个简单的单元测试，它断言用户在执行敏感操作之前必须登录。

代码清单 11-3　一个用于检查未经授权的用户在试图发布帖子时是否会被重定向到登录页面的单元测试

```
class PostsTest < ApplicationSystemTestCase
  test "users should be redirected to the login page if they are not logged in" do
    visit publish_post_url
    assert_response :redirect
    assert_selector "h1", text: "Login"
  end
end
```

最后，如果你有时间和预算，可以考虑聘请一个外部团队来进行渗透测试。他们可以探测攻击者可能会滥用的访问控制规则。

11.2.4　添加审计记录

因为你的代码将在用户访问资源时识别用户并测试他们的授权级别，所以你应该添加审计记录以帮助进行故障排除和取证分析。审计记录是用户执行操作时记录的日志文件或数据库条目。在用户浏览你的站点时简单地添加日志记录语句（14:32:06 2019-02-05：User example@gmail.com logged in）可以帮助你在运行时诊断任何问题，并在你被攻击后提供重要证据。

11.2.5　避免常见的疏忽

在许多网站上看到的一个常见疏忽是，它们忽略了对设计为不可发现资源的访问控制。你的网站不可能有页面可以对攻击者隐藏，因为攻击者会进行页面爬取。

黑客工具可以快速枚举具有模糊 ID 的私有 URL，例如 http://example.com/item?id=423242，如果使用具有可猜测结构的私有 URL（例如 http://example.com/profiles/user/bob）会更容易。让攻击者无法猜测 URL 的防御方式称为"通过隐秘性来确保安全性"，这被认为是一种风险。

保护敏感资源对于旨在封锁资源使其在某个时间点可以访问的网站尤其重要。财务报告网站经常在这种限制下运行。上市公司必须通过事先商定的报告渠道，同时向所有投资者提供季度或半年财务报告。

一些网站会提早上传这些报告（例如，以 /reports/<company-name>/<month-year> 这样的 URL 格式），并且作弊的投资者会提前检查这些 URL 以便可以比其他人更早地访问报告。金融监管机构已经对违规披露信息的公司处以巨额罚款！确保你的访问控制规则考虑到任何时间要求。

网站上的每个敏感资源都需要访问控制。如果你的站点允许用户下载文件，那么黑客可能会使用称为目录遍历的攻击方法尝试访问不应被允许下载的文件。

11.3　目录遍历

如果你网站的任何 URL 包含描述文件路径的参数，那么攻击者可以使用目录遍历（directory traversal）来绕过你的访问控制规则。在目录遍历攻击中，攻击者操纵 URL 参数以访问你从未打算被访问的敏感文件。目录遍历攻击通常将 URL 参数替换为使用 ../ 语法从主机目录"爬出"相对文件路径。让我们分析一下它的工作原理。

11.3.1 文件路径和相对文件路径

在大多数文件系统中，每个文件的位置都可以通过文件路径来描述。例如，Linux 上的文件路径 /tmp/logs/web.log 通过枚举包含文件的目录（在本例中，顶级 tmp 目录中的 logs 目录），然后使用路径分隔符（/）进行连接来描述 web.log 文件的位置。

相对文件路径是以句点（.）字符开头的文件路径，表示它在当前目录中；相对路径 ./web.log 描述文件 ./web.log 的位置在当前目录中。什么是"当前"目录取决于被评估路径的上下文。例如，在命令行提示符下，当前目录是用户最近导航到的目录。

相对路径还使用 .. 语法引用包含目录或父目录。两次使用 .. 语法将引用当前目录的父目录的父目录。例如，文件系统将路径 ../../etc/passwd 解释为向上两个目录，查找名为 etc 的目录，然后返回该目录中的 passwd 文件。使用相对路径类似于描述一个亲戚：你叔叔是你祖父母的儿子，因此要找到他，请在你的家谱中回溯两代，然后寻找一个男孩。

如果你的服务器端代码允许攻击者传递和计算相对文件路径而不是文件名，那么攻击者可以探测你的文件系统以查找感兴趣的文件，从而破坏访问控制。相对路径语法使攻击者能够读取 Web 服务器主目录以外的文件，从而探测通常包含密码或配置信息的目录，并读取其中包含的数据。让我们看一个这种攻击的例子。

11.3.2 目录遍历攻击剖析

想象一下，你有一个网站托管以 PDF 格式存储在服务器文件系统中的餐厅菜单。你的站点邀请用户通过单击引用文件名的链接来下载每个 PDF，如图 11-1 所示。

如果没有安全地解析 filename 参数，那么攻击者可以在相对路径中替换 URL 中的菜单文件名，并访问服务器上的用户账户信息，如图 11-2 所示。

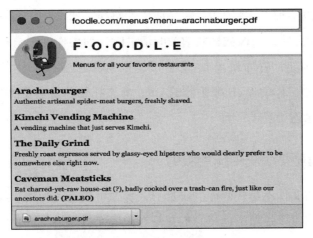

图 11-1　一个允许下载文件的网站

图 11-2　使用目录遍历攻击访问包含账户信息的 UNIX 文件

　　在这种情况下，攻击者已使用相对路径（../../../../etc/passwd）替换了菜单参数中的菜单名称，以便下载敏感文件。读取 passwd 文件会告诉攻击者底层 Linux 操作系统上存在哪些用户账户，从而泄露敏感的系统信息，这将帮助攻击者入侵服务器。你当然不希望攻击者能够读取此类信息！让我们看看缓解目录遍历攻击的方法。

11.3.3　缓解措施 1：信任你的 Web 服务器

　　为了防止目录遍历攻击，首先要熟悉 Web 服务器如何解析静态内容 URL。几乎所有的网站都会以某种方式将 URL 转换成文件路径,通常是在服务器响应对静态内容(如 JavaScript 文件、图像或样式表)的请求时。如果你发现自己提供的静态文件类型更加奇特(例如,餐厅菜单),请尝试使用 Web 服务器内置的 URL 解析逻辑,而不是编写自己的。你的 Web 服务器的 URL 静态托管功能通常都经过了实战测试,并且可以防止目录遍历攻击。

11.3.4　缓解措施 2:使用托管服务

如果你提供的文件不是代码库的一部分,那么可能是因为用户或网站管理员上传了文件,因此,你应该强烈考虑将它们托管在内容交付网络、云存储或内容管理系统中。这类服务不仅可以缓解第 6 章中讨论的文件上传漏洞,还可以通过允许你使用安全 URL 或模糊文件标识符引用文件来缓解目录遍历攻击。在这些备选方案中,CDN 通常允许较细粒度的权限(例如,某些文件仅对某些用户可用),并且通常也最易于集成。

11.3.5　缓解措施 3:使用间接文件引用

如果你编写自己的代码以从本地磁盘提供文件服务,则缓解目录遍历攻击的最安全方法是间接寻址:为每个文件分配一个与文件路径相对应的模糊 ID,然后让所有 URL 通过该 ID 引用每个文件。这要求你保留某种注册表,将每个文件 ID 与数据库中的路径匹配。

11.3.6　缓解措施 4:净化文件引用

最后,如果最终你确实在 URL 中使用了直接文件引用,可能是因为你继承了遗留的代码库,并且缺少重构文件存储方式所需的时间或资源——你需要保护站点代码以确保不能以任意路径代替文件名。最安全的方法是简单地禁止任何包含路径分隔符(包括编码的分隔符)的文件引用。请注意,基于 Windows 和 UNIX 的操作系统使用不同的路径分隔符,分别为 \ 和 /。

另一种方法是根据正则表达式(regex)验证文件名,以过滤掉所有类似于路径语法的内容。所有现代的 Web 编程语言都包含某种正则表达式实现,因此很容易根据"安全"表达式测试传入的文件名参数,但是请谨慎使用此技术:黑客不断研究新的且晦涩的方法来编码路径名，因为目录遍历攻击非常普遍。如果可能，请尝试使用第三方库来净化文件名。代码清单 11-4 展示了 Ruby Sinatra gem 中净化路径参数的一些逻辑。

代码清单 11-4　在 Ruby Sinatra gem 中净化路径参数的逻辑

```
def cleanup(path)
  parts     = []
❶ unescaped = path.gsub(/%2e/i, dot).gsub(/%2f/i, slash).gsub(/%5c/i, backslash)
  unescaped = unescaped.gsub(backslash, slash)

❷ unescaped.split(slash).each do |part|
    next if part.empty? or part == dot
    part == '..' ? parts.pop : parts << part
  end

❸ cleaned = slash + parts.join(slash)
  cleaned << slash if parts.any? and unescaped =~ %r{/\.{0,2}$}
  cleaned
end
```

首先，代码标准化了它识别的任何模糊字符编码 ❶，然后将路径拆分为单独的组件 ❷。最后，它使用标准分隔符重新构建路径 ❸，确保前导字符是斜杠。

代码清单 11-4 所示的复杂性是必要的，因为在目录遍历攻击期间，相对路径可以以各种方式进行编码。代码清单 11-5 展示了在不同操作系统上对父目录语法进行编码的 8 种方法。

代码清单 11-5　对于不同的操作系统，可以用多种方式对相对路径进行编码

```
../
..\
..\/
%2e%2e%2f
%252e%252e%252f
%c0%ae%c0%ae%c0%af
%uff0e%uff0e%u2215
%uff0e%uff0e%u2216
```

11.4　小结

网站上的用户通常具有不同级别的权限，因此你需要实现访问控制规则，当用

户尝试访问资源时，将使用这些规则进行评估。访问控制规则需要明确记录、全面实施和积极测试。开发时间线应该包括足够的时间允许团队评估所有新代码改变带来的安全影响。

文件名引用的静态资源容易受到目录遍历攻击，这是一种战胜访问控制规则的常用方法。可以通过使用 Web 服务器提供静态文件、从安全的第三方系统提供静态文件或通过间接引用静态文件来阻止目录遍历攻击。如果你被迫使用文件名，请确保净化用于构建文件路径的所有 HTTP 参数。

在下一章中，我们将研究网站可能会如何"广而告之"你所使用的技术堆栈，这将使黑客了解如何进行攻击。

第 12 章

信 息 泄 露

黑客经常使用公开的安全漏洞，尤其是零日漏洞——过去 24 小时内公开的安全漏洞。当有人发布某个软件组件的零日漏洞时，黑客会立即扫描运行该漏洞软件的 Web 服务器，以利用该安全漏洞。为了保护自己免受此类威胁，你应该确保你的 Web 服务器不会泄露有关正在运行的软件堆栈类型的信息。如果你无意中"宣传"了你的服务器技术堆栈，那么你就是在将自己作为目标。

在本章中，我们将学习 Web 服务器泄露有关你使用的技术堆栈信息的一些常见方法，以及应该如何减轻这些风险。

12.1　缓解措施 1：禁用 Telltale Server 标头

请确保在 Web 服务器配置中禁用任何显示正在运行的服务器技术、语言和版本的 HTTP 响应标头。默认情况下，Web 服务器通常会在每个响应中发送一个服务器标头，描述服务器端正在运行的软件。这对于 Web 服务器提供商来说是一个很好的广告，但是浏览器没有使用它。它只是告诉攻击者可以探测哪些漏洞。确保你的 Web 服务器配置禁用此服务器标头。

12.2　缓解措施 2：使用干净的 URL

当你设计网站时，避免在 URL 中使用文件后缀，比如 .php、.asp 和 .jsp。改用干净的 URL，而不是泄露实现细节的 URL。带有文件扩展名的 URL 在较旧的 Web 服务器中很常见，这些服务器显式地引用模板文件名，一定要避免这种扩展。

12.3　缓解措施 3：使用通用 cookie 参数

Web 服务器用于存储会话状态的 cookie 的名称经常显示服务器端使用的技术。例如，Java Web 服务器通常将会话 ID 存储在名为 JSESSIONID 的 cookie 下。攻击者可以检查这些类型的会话 cookie 名称来识别服务器，如代码清单 12-1 所示。

代码清单 12-1　黑客工具 Metasploit 试图检测并破坏 Apache Tomcat 服务器

```
❶ if response.get_cookies.match(/JSESSIONID=(.*);(.*)/i)
    jsessionid = $1
    post_data  = "j_username=#{username}&j_password=#{password}"

    response = send_request_cgi({
                'uri'          => '/admin/j_security_check',
                'method'       => 'POST',
                'content-type' => 'application/x-www-form-urlencoded',
                'cookie'       => "JSESSIONID=#{jsessionid}",
                'data'         => post_data,
            })
```

请注意，Metasploit 检查会话 cookie 的名称 ❶。

确保你的 Web 服务器不会在 cookie 中返回任何内容，这些 cookie 会提供有关你的技术堆栈的线索。更改配置以将通用名称用于会话 cookie（例如 session）。

12.4　缓解措施 4：禁用客户端错误报告

大多数 Web 服务器都支持客户端错误报告，这使服务器可以在错误页面的 HTML 中打印堆栈跟踪和路由信息。在测试环境中调试错误时，客户端错误报告非常有用。但是，堆栈跟踪和错误日志也会告诉攻击者你正在使用哪些模块或库，从而帮助他们找出要锁定的安全漏洞。数据访问层中发生的错误甚至可能泄露有关数据库结构的详细信息，这是主要的安全隐患！

你必须在生产环境的客户端禁用错误报告。你应该保持你的用户看到的错误页面完全通用。最多，用户应该知道发生了意外错误，并且有人正在调查问题。详细的错误报告应保留在生产日志和错误报告工具中，只有管理员才能访问。

有关如何禁用客户端错误报告，请参阅 Web 服务器的文档。代码清单 12-2 演示了如何在 Rails 配置文件中禁用此功能。

代码清单 12-2　确保生产配置文件（在 Ruby on Rails 中通常存储在 config/environments/ production.rb）禁用客户端错误报告

```
# Full error reports are disabled.
config.consider_all_requests_local = false
```

12.5　缓解措施 5：缩小或模糊处理 JavaScript 文件

许多 Web 开发人员在部署 JavaScript 代码之前都会使用 minifier 对其进行预处理，minifier 接受 JavaScript 代码并输出功能等效但高度压缩的 JavaScript 文件。minifier 删除所有无关字符（如空格），并用较短的、语义相同的语句替换某些代码语句。一个相关的工具是混淆器，它用简短的、无意义的标记替换方法和函数名，而不改变代码中的任何行为，故意降低代码的可读性。流行的 UglifyJS 实用程序具有这两种功能，并且可以使用语法 uglifyjs[input　files] 直接从命令行调用，从而可以轻松地将其插入编译过程。

开发人员通常会缩小或混淆 JavaScript 代码以提高性能，因为较小的 JavaScript 文件在浏览器中的加载速度更快。这种预处理还有一个积极的副作用——使攻击者更难检测到你正在使用的 JavaScript 库。研究人员或攻击者会定期发现流行的 JavaScript 库中的安全漏洞，这些漏洞允许进行跨站点脚本攻击。尽量让你所使用的库更难检测，因为当漏洞被发现时，那样做会给你争取更多的时间。

12.6　缓解措施 6：清理客户端文件

执行代码审计并使用静态分析工具确保敏感数据不会出现在注释中，或者无效代码不会传递给客户端，这一点很重要。开发人员很容易在 HTML 文件、模板文件或 JavaScript 文件中留下注释，这些文件共享了太多信息，因为我们忘记了这些文件会被传送给浏览器。缩小 JavaScript 可能会删除注释，但在代码审计期间，需要在模板文件和手工编码的 HTML 文件中发现敏感注释并将其删除。

通过利用黑客工具，攻击者可以轻松地爬取你的网站并抓取意外遗留下来的任何评论——黑客经常使用此技术来扫描偶然留在评论中的私有 IP 地址。当黑客试图破坏你的网站时，这通常是他们的第一个入口。

12.7　始终关注安全公告

即使锁定了所有安全设置，老练的黑客仍然可以对你正在使用的技术做出很好的猜测。Web 服务器在响应特定边缘情况时具有明显的行为：例如，故意损坏的 HTTP 请求或带有异常 HTTP 动词的请求。黑客可以使用这些独特的服务器技术指纹来识别服务器端技术栈。即使你遵循有关信息泄露的最佳实践，也要及时了解所用技术的安全公告并部署修补程序，这一点很重要。

12.8　小结

你应该确保你的 Web 服务器不会泄露有关你正在运行的软件技术栈的类型信息，因为黑客在试图找出攻击你的网站的方法时会使用这些信息。确保你的配置禁用 telltale 标头，并在 HTTP 响应中使用通用会话 cookie 名称。使用不包含文件扩展名的干净 URL。缩小或混淆 JavaScript 代码，这样就很难分辨你正在使用哪个第三方库。在生产站点中关闭详细的客户端错误报告。确保清理你的模板文件和 HTML，以免泄露掉太多信息。最后，请关注安全公告，以便可以及时部署补丁。

在下一章中，我们将学习如何使用加密来保护网站流量。

第 13 章

加　密

加密为现代互联网提供了动力。如果没有能够安全交换数据包的能力，就不会存在电子商务，并且用户将无法安全地向互联网站点进行身份认证。

安全超文本传输协议（HyperText Transfer Protocol Secure，IITTPS）是网络上使用最广泛的加密形式。Web 服务器和浏览器普遍支持 HTTPS，因此开发人员可以将所有流量转移到该协议，并确保其用户的安全通信。想要在其站点上使用 HTTPS 的Web 开发人员仅需要从证书颁发机构获取证书，并在其主机提供商处安装即可。

当网站和用户代理通过 HTTPS 进行交互时，你可以轻松地开始使用加密，这掩盖了所发生事情的复杂性。现代密码学对数据加密和解密方法的研究依赖于数学家和安全专家开发和研究的技术。幸运的是，互联网协议的抽象层意味着你不需要知道线性代数或数论就可以使用他们的发明。但是，你对底层算法了解得越多，就越有可能避免潜在的风险。

本章首先概述加密在互联网协议中的应用及其数学基础。掌握了加密的工作原理之后，将学习开发人员开始使用 HTTPS 所需的实际步骤。最后，将了解黑客如何利用未加密或弱加密的流量，以及一些攻击如何绕过加密。

13.1　Internet 协议中的加密

回想一下，通过互联网发送的消息被分成数据包，并通过传输控制协议（TCP）定向到它们的最终目的地。接收计算机将这些 TCP 数据包组合回原始消息。TCP 并未规定要如何解析发送的数据。要做到这一点，两台计算机都需要使用更高级别的协议（例如 HTTP）就解析发送的数据达成一致。TCP 也不会隐藏正在发送的数据包的内容。不安全的 TCP 会话容易受到中间人攻击，即恶意第三方在传输数据包时拦截和读取数据包。

为了避免这种情况，浏览器和 Web 服务器之间的 HTTP 会话由传输层安全（Transport Layer Security，TLS）来保护，TLS 是一种加密方法，它提供了隐私保护（通过确保第三方不能解密数据包）和数据完整性（通过确保任何试图篡改传输中的数据包的行为都是可检测的）。使用 TLS 进行的 HTTP 会话称为 HTTP 安全（HTTPS）会话。

当 Web 浏览器连接到 HTTPS 网站时，浏览器和 Web 服务器将协商使用哪些加密算法作为 TLS 握手的一部分，以便在启动 TLS 会话时交换数据包。为了弄清楚TLS 握手过程中发生了什么，我们需要简单介绍一下各种类型的加密算法。是时候了解一些简单的数学了！

13.1.1　加密算法、哈希和消息身份认证代码

加密算法获取输入数据并通过使用加密密钥对数据进行加密，加密密钥是希望启动安全通信的两方之间共享的秘密。没有解密密钥（解密数据所需的相应密钥）的任何人都无法理解加密后的输出。输入数据和密钥通常被编码为二进制数据，但出于可读性考虑，密钥可以表示为文本字符串。

存在许多加密算法，并且数学家和安全研究人员正在继续发明更多的加密算法。它们可以分为几类：对称和非对称加密算法（用于加密数据）、哈希函数（用于指纹数据和构建其他加密算法）和消息身份认证代码（用于确保数据完整性）。

13.1.1.1　对称加密算法

对称加密算法使用相同的密钥来加密和解密数据。对称加密算法通常以块密码的形式工作：将输入数据分成固定大小的块，可以单独对其进行加密。如果输入数据的最后一个块的大小不足，则将对该块进行填充。这使得它们适合于处理数据流，包括 TCP 数据包。

对称算法是为提高速度而设计的，但存在一个重要的安全缺陷：必须在接收者解密数据流之前将解密密钥提供给接收者。如果解密密钥是通过 Internet 共享的，则潜在的攻击者将有机会窃取密钥，这使他们可以解密任何其他消息。

13.1.1.2　不对称加密算法

为了应对解密密钥被窃取的威胁，人们开发了非对称加密算法。非对称算法使用不同的密钥来加密和解密数据。

非对称算法允许诸如 Web 服务器之类的软件自由发布其加密密钥，同时对其解密密钥保密。任何希望向服务器发送安全消息的用户代理都可以使用服务器的加密密钥对这些消息进行加密，没有人（甚至自己）能够解密正在发送的数据，因为解密密钥是保密的。这有时被称为公钥加密算法：加密密钥（公钥）可以公开，只有解密密钥（私钥）需要保密。

非对称算法比对称算法复杂得多，因此速度较慢。Internet 协议中的加密使用这两种类型的组合，如本章后面所述。

13.1.1.3　哈希函数

与加密算法有关的是加密哈希函数，可以将其视为无法解密其输出的加密算法。哈希函数还具有其他一些有趣的特性：无论输入数据的大小如何，算法的输出（哈希值）始终为固定大小。在给定不同输入值的情况下，获得相同输出值的机会非常小。

到底为什么要加密以后无法解密的数据呢？ 这是为输入数据生成"指纹"的一种好方法。如果你需要检查两个单独的输入是否相同，但出于安全考虑不想存储原始输入值，则可以验证两个输入是否生成相同的哈希值。

如第 9 章所述，这通常是网站密码的存储方式。当用户首次设置密码时，Web 服务器会将密码的哈希值存储在数据库中，但会故意忘记实际的密码值。当用户稍后在站点上重新输入密码时，服务器将重新计算哈希值并将其与存储的哈希值进行比较。如果两个哈希值不同，则表明用户输入了不同的密码，这意味着登录将被拒绝。这样，站点就可以在不需要明确知道每个用户密码的情况下检查密码是否正确。以纯文本格式存储密码会带来安全隐患：如果攻击者破坏了数据库，那么他们将获得每个用户的密码。

13.1.1.4   消息认证码

消息认证码（MAC）算法类似于加密哈希函数（通常基于其构建），因为它们将任意长度的输入数据映射到唯一的、固定大小的输出。此输出本身称为消息认证码。但是，MAC 算法比哈希函数更专业，因为重新计算 MAC 需要密钥。这意味着只有拥有密钥的各方才能生成或检查消息身份认证码的有效性。

MAC 算法用于确保攻击者无法伪造或篡改 Internet 上传输的数据包。要使用 MAC 算法，发送者和接收者的计算机通常在 TLS 握手过程中交换共享的密钥（密钥在发送之前会先经过加密，以避免被窃取的风险）。从那时起，发送者将为要发送的每个数据包生成一个 MAC，并将 MAC 附加到该包。因为接收者具有相同的密钥，所以它可以从消息中重新计算 MAC。如果计算出的 MAC 与附加到数据包的值不同，则表明该数据包已被篡改或以某种形式被破坏，或者不是原始计算机发送的。因此，接收者拒绝该数据包。

密码学是一门庞大而复杂的学科，它有自己独特的术语。理解它如何融入互联网协议需要同时在头脑中平衡多个概念。让我们看看 TLS 是如何使用我们讨论过的各种类型的加密算法的。

13.1.2   TLS 握手

TLS 使用密码算法的组合来高效、安全地传递信息。为了提高速度，通过 TLS 传递的大多数数据包将使用通常称为分组密码的对称加密算法进行加密，因为它会加密流信息的"块"。回想一下，对称加密算法很容易被窃听会话的恶意用户窃取其加密密钥。为了安全地传递分组密码的加密 / 解密密钥，TLS 将在使用非对称算法将密钥传递给接收者之前对其进行加密。最后，使用 TLS 传递的数据包将使用消息认证码进行标记，以检测是否有数据被篡改。

在 TLS 会话开始时，浏览器和网站进行 TLS 握手，以确定它们应该如何进行通信。在握手的第一阶段，浏览器将列出它支持的多个加密套件。让我们深入了解这意味着什么。

13.1.2.1   加密套件

加密套件是用于保护通信的一组算法。在 TLS 标准下，加密套件由三种独立的算法组成。第一种算法是密钥交换算法，这是一种非对称加密算法。正在通信的计算机使用它来交换第二种加密算法的密钥：设计用于加密 TCP 数据包内容的对称分组密码。最后，加密套件指定用于认证加密消息的 MAC 算法。

让我们更具体一点。支持 TLS 1.3 的现代浏览器（例如 Google Chrome）提供了许多加密套件。在撰写本书时，这些套件中的一个以 ECDHE-ECDSA-AES128-GCM-SHA256 的易记名称命名。这个特定的加密套件包括 ECDHE-RSA 作为密钥交换算法，AES-128-GCM 作为分组密码，SHA-256 作为消息认证算法。

需要更多完全不必要的细节吗？好吧，ECDHE 代表 Elliptic Curve Diffie-Hellman Exchange（一种在不安全通道上建立共享秘密的现代方法）。RSA 代表 Rivest-Shamir-Adleman 算法（第一个实用的非对称加密算法，由三位数学家在 20 世纪 70 年代在喝了很多 Passover 葡萄酒后发明）。AES 代表高级加密标准（Advanced Encryption Standard，该算法由两名比利时密码学家发明，并由美国国家标准技术研究院通过三年的审查后选定）。这个特殊变体在 Galois/Counter 模式下使用 128 位密钥，该密钥由 GCM 在名称中指定。最后，SHA-256 代表安全哈希算法（Secure Hash Algorithm，具有 256 位字长的哈希函数）。

明白我说的现代加密标准的复杂性了吗？现代的浏览器和 Web 服务器支持大量的加密套件，并且始终都有更多的加密套件添加到 TLS 标准中。随着现有算法的弱点被发现，并且计算能力的成本变得越来越低，安全研究人员更新了 TLS 标准以保持互联网的安全。作为一个 Web 开发人员，理解这些算法是如何工作的并不是特别重要，但是保持 Web 服务器软件的最新状态是非常重要的，这样你就可以支持最现代、最安全的算法。

13.1.2.2　会话启动

让我们继续刚才的话题。在 TLS 握手的第二阶段，Web 服务器选择它能够支持的最安全的加密套件，然后指示浏览器使用这些算法进行通信。同时，服务器传回一个数字证书，其中包含服务器名称、将证明证书真实性的可信证书颁发机构以及要在密钥交换算法中使用的 Web 服务器加密密钥（我们将在下一节讨论什么是证书以及为什么它们对于安全通信是必要的）。

一旦浏览器验证了证书的真实性，这两台计算机就会生成一个会话密钥，用于使用所选的分组密码加密 TLS 会话。请注意，此会话密钥与前面章节中讨论的 HTTP 会话 ID 不同。TLS 握手发生在 Internet 协议的较低级别，而 HTTP 会话尚未开始。会话密钥是由浏览器生成的一个大的随机数，使用密钥交换算法用附加到数字证书的（公共）加密密钥进行加密，并传输到服务器。

现在，终于可以开始 TLS 会话了。由此开始的所有内容都将使用分组密码和共享的会话 ID 进行安全加密，因此窥探会话的任何人都无法识别数据包。浏览器和服务器使用约定的加密算法和会话密钥来双向加密数据包。数据包也使用消息身份认证码进行身份认证和防篡改。

正如你所看到的，许多复杂的数学计算支撑着互联网上的安全通信。幸运的是，作为 Web 开发人员所涉及的启用 HTTPS 的步骤要简单得多。现在我们有了理论，让我们来看看保护用户安全所需的实际步骤。

13.2　启用 HTTPS

与了解基本加密算法相比，保护网站流量非常容易。大多数现代的 Web 浏览器都使用了自动更新。每个主要浏览器的开发团队都将处于支持现代 TLS 标准的最前沿。最新版本的 Web 服务器软件将支持类似的现代 TLS 算法。这意味着作为开发人员，留给你的唯一责任就是获取数字证书并将其安装到 Web 服务器上。让我们讨论如何做到这一点，并说明为什么需要证书。

13.2.1　数字证书

数字证书（也称为公共密钥证书）是用于证明公共加密密钥所有权的电子文档。TLS 中使用数字证书将加密密钥与 Internet 域名（例如 example.com）相关联。它们是由证书颁发机构颁发的，充当浏览器和网站之间的可信第三方，保证应使用给定的加密密钥来加密发送到网站域的数据。浏览器软件将信任几百个证书颁发机构，例如，Comodo、DigiCert，以及最近的非营利组织 Let's Encrypt。当可信证书颁发机构为密钥和域提供担保时，它会确保浏览器使用正确的加密密钥与正确的网站通信，从而阻止攻击者使用恶意网站或证书。

你可能会问：为什么需要第三方在 Internet 上交换加密密钥？毕竟，非对称加密的要点不就是公钥可以由服务器本身免费提供吗？虽然这种说法是正确的，但在互联网上获取加密密钥的实际过程取决于将域名映射到 IP 地址的互联网域名系统（DNS）的可靠性。在某些情况下，DNS 容易受到欺骗攻击，这些欺骗攻击可用于将互联网流量从合法服务器定向到攻击者控制的 IP 地址。如果攻击者可以欺骗 Internet 域，那么他们可以发出自己的加密密钥，而受害者不会那么明智地识别真伪。

证书颁发机构的存在是为了防止加密流量被欺骗。如果攻击者找到了将流量从合法（安全）网站转移到受其控制的恶意服务器的方法，但该攻击者通常不具备与该网站的证书相对应的解密密钥。这意味着他们将无法解密使用附加在网站数字证书的密钥加密的流量。

另外，如果攻击者提供了一个与其所拥有的解密密钥相对应的备用数字证书，那么该证书将不会得到可信证书颁发机构的验证。任何访问该欺骗网站的浏览器都将向用户显示安全警告，从而强烈劝阻他们不要继续。

通过这种方式，证书颁发机构允许用户信任他们正在访问的网站。你可以通过单击浏览器栏中的挂锁图标来查看网站正在使用的证书。证书的描述信息不会特别有趣，但是当证书无效时，浏览器就会发出警告。

13.2.2　获取数字证书

从证书颁发机构获取网站的数字证书需要几个步骤，认证机构将通过这些步骤验证你是否拥有自己的域名。执行这些步骤的确切方式因你选择的证书颁发机构而异。

第一步是生成密钥对，这是一个小型数字文件，其中包含随机生成的公共和私有加密密钥。接下来，使用此密钥对生成包含网站的公共密钥和域名的证书签名请求（CSR），并将该请求上传到证书颁发机构。在接受签名请求并颁发证书之前，证书颁发机构将要求你向他们证明你对 CSR 中包含的 Internet 域名具有控制权。一旦验证了域名所有权，就可以下载证书并将其与密钥对一起安装到 Web 服务器上了。

13.2.2.1　生成密钥对和证书签名请求

密钥对和 CSR 通常是使用命令行工具 openssl 生成的。CSR 通常包含域名和公共密钥之外的有关申请人的其他信息，例如组织的法定名称和地理位置。这些将包含在已签名的证书中，但不是强制性的，除非证书颁发机构选择对其进行验证。在生成签名请求的过程中，基于历史原因，域名通常称为专有名称（DN）或完全限定的域名（FQDN）。代码清单 13-1 显示了如何使用 openssl 生成证书签名请求。

代码清单 13-1　在命令行上使用 openssl 生成证书签名请求

```
openssl req -new -key ./private.key -out ./request.csr
```

文件 private.key 应该包含一个新生成的私钥（也可以使用 openssl 生成）。openssl 工具将要求提供包括域名在内的详细信息以将其包括在签名请求中。

13.2.2.2　域名验证

域名验证是一个过程，证书颁发机构通过该过程来验证是否申请 Internet 域名证书的人确实拥有对该域名的控制权。申请数字证书时，你要说明需要能够解密发送到特定 Internet 域名的流量。证书颁发机构将作为尽职调查的一部分，坚持检查你是否拥有该域名。

域名验证通常要求你对域名的 DNS 条目进行临时编辑，从而证明你在 DNS 中具有编辑权限。域名验证可以防止 DNS 欺骗攻击：攻击者不能申请证书，除非他们还具有编辑权限。

13.2.2.3　扩展验证证书

一些证书颁发机构颁发扩展验证（EV）证书。这要求证书颁发机构收集和验证有关申请证书的法人实体的信息。然后，这些信息将包含在数字证书中，并在 Web 浏览器中提供给访问该网站的用户。EV 证书在大型组织中很受欢迎，因为公司名称通常会显示在浏览器 URL 栏中的挂锁图标旁边，从而增强了对用户的信任感。

13.2.2.4　证书过期和吊销

数字证书的使用时间有限（通常为数年或数月），之后必须由证书颁发机构重新颁发。证书颁发机构还跟踪证书持有者自愿吊销的证书。如果与你的数字证书对应的私钥被泄露，作为站点所有者，你必须申请一个新证书，然后吊销以前的证书。浏览器会在用户访问带有过期或吊销证书的网站时发出警告。

13.2.2.5　自签发证书

对于某些环境，特别是测试环境，从证书颁发机构获取证书是不必要的或不切实际的。例如，仅在内部网络上可用的测试环境无法由证书颁发机构进行验证。但是，你可能仍然希望在这些环境中支持 HTTPS，解决方案是生成你自己的证书——自签名证书。

诸如 openssl 之类的命令行工具可以轻松生成自签名证书。浏览器遇到具有自签名证书的网站时，通常会向用户发出紧急安全警告（此网站的安全证书不受信任！），但仍将允许用户接受风险并继续运行。只需确保使用你的测试环境的任何人都知道这个限制，并知道为什么会出现警告。

13.2.2.6　证书付费

一般来讲，证书颁发机构是商业实体。即使在今天，许多机构仍对每张证书收取固定费用。自 2015 年以来，加利福尼亚的非营利组织 Let's Encrypt 提供了免费证书。Let's Encrypt 由 Mozilla 基金会（负责协调 Firefox 浏览器的发布）和 Electronic Frontier 基金会（总部位于旧金山的数字版权非营利组织）共同创立。因此，除非你需要商业证书颁发机构提供的扩展验证功能，否则几乎没有理由为证书付费。

13.2.3　安装数字证书

一旦有了证书和密钥对，下一步就是让 Web 服务器切换到使用 HTTPS，并将证书作为 TLS 握手的一部分。这个过程根据主机提供商和服务器技术的不同而有所不同，尽管它通常非常简单，而且有很好的文档记录。让我们花些时间回顾一个典型的部署过程。

13.2.3.1　Web 服务器与应用服务器

到目前为止，我已经将 Web 服务器描述为用于拦截和应答 HTTP 请求的机器，并讨论了它们如何发送回静态内容或执行代码来响应每个请求。尽管这是一个准确的描述，但它掩盖了通常将网站部署为一对正在运行的应用程序的事实。

运行典型网站的第一个应用程序是提供静态内容并执行低级 TCP 功能的 Web 服务器。这通常类似于 Nginx 或 Apache HTTP Server。Web 服务器是用 C 语言编写的，经过优化可以快速执行底层 TCP 功能。

运行典型网站的第二个应用程序是应用服务器，它位于 Web 服务器的下游，并托管构成站点动态内容的代码和模板。每种编程语言都有许多应用服务器。对于以 Java 语言开发的网站，典型的应用程序服务器可能是 Tomcat 或 Jetty，Puma 或 Unicorn 用于 Ruby on Rails 开发的网站；Django、Flask 或 Tornado 用于 Python 开发的网站，等等。

相当令人困惑的是，Web 开发人员通常会随意地将他们使用的应用服务器称为"Web 服务器"，因为这是他们花了大部分时间编写代码的环境。实际上，完全可以单独部署应用服务器，因为应用服务器可以做 Web 服务器所能做的一切，尽管效率较低。当 Web 开发人员在自己的机器上编写和测试代码时，这是一个相当典型的设置。

13.2.3.2　配置 Web 服务器以使用 HTTPS

数字证书和加密密钥几乎总是部署在 Web 服务器上，因为它们比应用服务器快得多。切换 Web 服务器以使用 HTTPS 就是更新 Web 服务器的配置，以便它接受标准 HTTPS 端口（443）上的流量，并告诉它在建立 TLS 会话时要使用的数字证书和密钥对的位置。代码清单 13-2 展示了如何将证书添加到 Nginx Web 服务器的配置文件中。

代码清单 13-2　配置 Nginx 时数字证书（www.example.com.crt）和加密密钥（www.example.com.key）的位置

```
server {
    listen              443 ssl;
    server_name         www.example.com;
    ssl_certificate     www.example.com.crt;
    ssl_certificate_key www.example.com.key;
    ssl_protocols       TLSv1.2 TLSv1.3;
    ssl_ciphers         HIGH:!aNULL:!MD5;
}
```

以这种方式处理 TLS 功能的 Web 服务器将解密传入的 HTTPS 请求，并将需要由下游应用服务器处理的所有请求作为未加密的 HTTP 请求传递。这称为在 Web 服务器上终止 HTTPS：Web 和应用服务器之间的通信不安全（因为加密已被剥离），但

这通常不会带来安全风险，因为通信没有离开物理计算机（或至少仅通过专用网络
传递）。

13.2.3.3 如何处理 HTTP 流量

将 Web 服务器配置为侦听端口 443 上的 HTTPS 请求需要对配置文件进行少量
编辑。然后需要决定 Web 服务器如何处理标准 HTTP 端口（80）上的未加密流量。
通常的方法是指示 Web 服务器将不安全的流量重定向到相应的安全 URL。例如，如
果用户代理访问 http://www.example.com/page/123，Web 服务器将以 HTTP 301 进行
响应，指示用户代理访问 https://www.example.com/page/123。浏览器将此理解为协
商 TLS 握手之后在端口 443 上发送相同请求的指令。代码清单 13-3 展示了如何将端
口 80 上的所有流量重定向到 Nginx Web 服务器的 443 端口。

代码清单 13-3　将 Nginx Web 服务器上的所有 HTTP 流量重定向到 HTTPS

```
server {
    listen 80 default_server;
    server_name _;
    return 301 https://$host$request_uri;
}
```

13.2.3.4 HTTP 严格传输安全

此时，你的站点设置为与浏览器安全通信，任何使用 HTTP 的浏览器都将被重
定向到 HTTPS。最后还有一个漏洞需要解决：你需要确保在 HTTP 的任何初始连接
期间都不会发送敏感数据。

当浏览器访问以前访问过的站点时，浏览器会发回该站点以前请求的 Cookie 标
头中提供的所有 cookie。如果到网站的初始连接是通过 HTTP 完成的，那么即使随
后的请求和响应升级到 HTTPS，cookie 信息也会不安全地传递。

你的网站应该通过实现 HTTP 严格传输安全（HSTS）策略来指示浏览器仅通过
HTTPS 连接发送 cookie。你可以通过在响应中设置 Strict-Transport-Security
标头来实现这一点。遇到此标头的现代浏览器将记住仅使用 HTTPS 连接到你的站
点。即使用户显式地输入 HTTP 地址（例如 http://www.example.com），浏览器也将
切换为使用 HTTPS，而不会提示。这可以防止 cookie 在初始连接到你的站点期间被

窃取。代码清单 13-4 显示了使用 Nginx 时如何添加 Strict-Transport-Security 标头。

代码清单 13-4   在 Nginx 中设置 HTTP 严格传输安全

```
server {
    add_header Strict-Transport-Security "max-age=31536000" always;
}
```

浏览器会记住在 max-age 中设置的秒数内不通过 HTTP 发送任何 cookie，然后浏览器将再次检查该站点是否更改了其策略。

13.3   攻击 HTTP（和 HTTPS）

你可能会问：如果我选择不使用 HTTPS，最坏的情况会是什么？ 我还没有真正描述过如何利用未加密的 HTTP，所以让我们纠正一下。互联网上的弱加密或未加密通信允许攻击者发起中间人攻击，从而篡改或窥探 HTTP 会话。让我们看一些例子。

13.3.1   无线路由器

无线路由器是中间人攻击的常见目标。大多数路由器都使用 Linux 操作系统的基础版，这使它们能够将流量路由到本地 Internet 服务提供商（ISP）并提供一个简单的配置界面。对于黑客来说，这是一个完美的目标，因为 Linux 通常永远不会用安全补丁进行更新，并且成千上万的家庭将使用相同的无线路由器。

2018 年 5 月，思科安全研究人员发现，超过 50 万 Linksys 和 Netgear 路由器感染了一种名为 VPNFilter 的恶意软件，它监听经过路由器的 HTTP 流量，并代表一名被认为与俄罗斯政府有关的未知攻击者窃取网站密码和其他敏感用户数据。VPNFilter 甚至尝试进行降级攻击，从而干扰了流行站点的 TLS 握手，因此浏览器选择使用较弱的加密或完全不加密。

使用 HTTPS 的站点将不受此攻击的影响，因为除接收站点以外的任何人都无法识别 HTTPS 流量。黑客可能窃取了其他网站的流量，并挖掘敏感数据。

13.3.2　Wi-Fi 热点

黑客发动中间人攻击的一种技术含量较低的方法是在公共场所设置自己的 Wi-Fi 热点。我们中很少有人关注设备使用的 Wi-Fi 热点的名称，因此攻击者很容易在咖啡馆或酒店大堂等公共空间设置热点，并等待不小心的用户连接到它。由于 TCP 流量会在进入 ISP 的过程中流经黑客的设备，因此黑客能够将流量记录到磁盘并对其进行梳理，以提取敏感细节，例如信用卡号和密码。只有当攻击者离开物理位置并关闭热点，切断受害者与互联网的连接时，受害者可能才会意识到发生了什么。对流量进行加密可以阻止这种攻击，因为黑客将无法读取他们捕获的任何流量。

13.3.3　互联网服务提供商

互联网服务提供商将个人用户和企业连接到互联网的主干网，鉴于所传递数据的潜在敏感性，这是一个非常值得信任的位置。你可能会认为这会阻止他们监听或干扰 HTTP 请求，但美国最大的 ISP 之一康卡斯特（Comcast）这样的公司却不是这样，多年来，康卡斯特一直在向流经其服务器的 HTTP 流量中注入 JavaScript 广告。康卡斯特声称这是一项服务，但数字版权活动家认为这一做法类似于邮递员将广告材料塞进密封的信件中。

使用 HTTPS 的网站可以避免这种篡改，因为每个请求和响应的内容对于 ISP 来说都是不透明的。

13.3.4　政府机构

政府机构窥探你的网络流量可能看起来像是阴谋论，但大量证据表明这种情况确实存在。美国国家安全局（NSA）已经成功地实施中间人攻击以进行监视。美国国家安全局前承包商爱德华·斯诺登（Edward Snowden）泄露的内部演示文稿描述了巴西国营石油生产商巴西国家石油公司（Petrobras）受到监视的情况：美国国家安全局获得了 Google 网站的数字证书，然后架设了相似的网站，这些网站收集用户凭据，同时将流量代理到 Google。我们真的不知道这项计划的范围有多广，但是想想就会感到很不安。

13.4   小结

你应该使用 HTTPS 来确保从 Web 浏览器到你的站点的通信保持私密并且不会被篡改。HTTPS 是通过传输层安全（TLS）发送 HTTP。当 Web 服务器和用户代理进行 TLS 握手时，将启动 TLS 会话。在 TLS 握手过程中，浏览器提供它支持的加密套件列表。每个加密套件包含一个密钥交换算法、一个分组密码和一个消息认证码算法。Web 服务器选择它支持的密码并返回其数字证书。

然后，浏览器使用附加在数字证书上的公共密钥，通过 keyexchange 算法（随机生成的）对 TLS 会话标识符进行加密，并将其发送到 Web 服务器。最后，当双方都拥有会话标识符时，他们将其用作后续消息的加密 / 解密密钥，并使用所选的分组密码进行加密。每个数据包的真实性将使用消息认证码算法进行验证。

数字证书由少数几个证书颁发机构颁发，在证书颁发之前会要求你证明所选域名的所有权。通过充当浏览器和网站之间受信任的第三方，证书颁发机构可以防止欺骗性网站提供伪造证书。

获得数字证书后，你需要通过 HTTPS 提供内容。这意味着你需要将 Web 服务器配置为通过端口 443 接受流量，告诉它在哪里可以找到证书和相应的解密密钥，并将端口 80 上的 HTTP 流量重定向到端口 443 使用 HTTPS 进行通信。最后，你应该通过设置 HTTP 严格传输安全策略，指示浏览器在升级到 HTTPS 之前不要在 HTTP 请求中发送任何敏感数据，例如会话 cookie。

一定要经常升级你的 Web 服务器技术，这样就可以确定你使用的是最新（因此也是最安全的）加密套件。随着旧算法被破坏或被发现容易受到攻击，加密标准正在不断地被研究和增强。

在我们讨论保持 Web 服务器最新的必要性时，你应该更广泛地了解如何测试、保护和管理用于你的网站的第三方应用程序。这正是我们要在下一章学习的！

第 14 章

第三方代码

现在几乎没有人从头开始开发软件了，尤其是在 Web 开发领域。从操作系统到 Web 服务器，再到使用的编程语言库，为你的网站提供动力的大部分代码都将由其他人编写。那么，如何管理他人代码中的漏洞呢？

黑客经常攻击流行软件组件中的已知漏洞，因此保护第三方代码非常重要。例如，对于黑客来说，在网络上扫描不安全的 WordPress 实例要比选择一个特定的网站并试图找出它如何易受攻击有效得多。所以，重要的是你要及时关注最新的安全补丁，以避免被恶意扫描软件发现。

本章将讨论保护第三方代码的三种方法。你将学习如何在依赖项和所使用的软件组件的安全公告方面保持领先。接下来，将深入研究正确配置这些依赖项的重要性，这样它们就不会意外地留下黑客可以利用的后门。最后，你将看到与第三方服务相关的安全风险——第三方服务器上运行的代码（由你的 Web 服务器调用或通过 JavaScript 导入加载到你的网页中）。特别是，你会发现通过广告（恶意广告，malvertising）植入恶意软件的手段被广泛使用，因此我们在本章还将学习在网站包含广告的情况下保护用户的方法。

14.1 保护依赖项

2014 年 4 月，OpenSSL（为大多数 Linux 和其他操作系统的大多数版本实现 TLS 的开源 C 库）的作者披露了 Heartbleed 漏洞的存在：通过缓冲区过度读取，攻击者可以使用易受攻击的库从服务器读取任意内存块，从而窃取加密密钥、用户名、密码和其他敏感数据。互联网上最流行的两个 Web 服务器是 Apache 和 Nginx，它们都使用 OpenSSL 来确保通信安全，据安全公司 AVG 的研究人员估计，超过 50 万个网站被发现很容易在一夜之间受到攻击。由于受影响的网站数量众多，Heartbleed 漏洞被称为有史以来最危险的漏洞。

修复漏洞的新版本 OpenSSL 在漏洞披露的同一天发布，但几个月后，未修复的 Web 服务器在互联网上仍然很常见。这是运行未修复的 Web 服务器的危险时期：黑客有时间找到利用该漏洞的最佳方法，而易受攻击的站点不断减少使得剩余的 Web 服务器更可能成为攻击目标。

所有网站都使用第三方代码，并且所有第三方库（即使是由安全专家编写的库，如 OpenSSL）也可能存在安全问题。如果你想保持领先于攻击者对这些漏洞的利用，则需要在安全漏洞被公开后就立即意识到并迅速进行修补。这涉及三个方面：准确了解你正在运行的依赖项、能够快速更新依赖项以及对依赖项的安全漏洞保持警惕。让我们依次讨论一下。

14.1.1　知道你正在运行什么代码

保护依赖项的第一步是了解它们是什么。这听起来似乎很明显，但是现代软件栈错综复杂并且是多层的，这使得在软件开发生命周期的开发阶段添加新的库变得很容易，而你以后可能会忘记这些。你确实应该使用许多工具来组织依赖项。

14.1.1.1　依赖项管理工具

大多数编程语言都带有依赖项管理器，它允许开发团队在配置文件中指定第三方依赖项。所描述的软件库将在构建过程中按需下载。依赖项管理器使获取新的依赖项和在新环境中（例如，当部署到服务器时）重构软件堆栈变得容易。

为了绝对确定你正在运行每个依赖项的版本，你应该养成在依赖项列表中为每个依赖项指定显式版本号的习惯。依赖项管理系统中可用的软件包托管在 Internet 上的远程存储库中。软件包作者发布软件包的新版本时，它们将使用新的版本号添加到存储库中。默认情况下，大多数依赖项管理器在你的新环境中首次运行编译时会获取每个依赖项的最新版本。在初始开发期间，这是明智的默认行为，但是在发布代码时，依赖项配置文件应显式地列出版本号。安全公告将披露依赖项的哪些版本容易受到攻击，因此确定在每个环境中运行的版本将告诉你需要修补哪些内容。

同样要注意，你声明的依赖项本身可能也有依赖项，并且依赖项管理器对于获取这些库也将很有帮助。基于这个原因，我们需要讨论依赖关系树，因为每个依赖项都具有作为其他依赖关系的分支。评估安全风险时，请务必考虑整个依赖关系树。你的依赖项管理器将能够在命令行上输出整个树（包括依赖项的依赖项）。代码清单 14-1 显示了 Node.js 项目的依赖关系树，说明了 @blueprintjs/core 库如何将 popper.js 库作为子依赖项。

代码清单 14-1   命令 npm list 显示了 Node Package Manager 中的整个依赖关系树

```
my_project@0.0.0 /usr/code/my_project
├── @blueprintjs/core@3.10.0
│   ├── @blueprintjs/icons@3.4.0
│   │   ├── classnames@2.2.6 deduped
│   │   └── tslib@1.9.3 deduped
│   ├── @types/dom4@2.0.1
│   ├── classnames@2.2.6 deduped
│   ├── dom4@2.1.4
│   ├── normalize.css@8.0.1
│   ├── popper.js@1.14.6
│   ├── react-popper@1.3.3 deduped
```

14.1.1.2   操作系统补丁

除了跟踪编程语言依赖项之外，你还需要跟踪在操作系统级别部署的软件包。操作系统厂商（例如 Red Hat 和 Microsoft）经常发布安全补丁，因此你应跟踪在任何给定环境中使用的每个操作系统的版本，并制定及时升级服务器的策略。如果你有物理服务器在数据中心中运行，那么你的公司可能有专门的系统管理员来负责。如果你在云中的虚拟服务器上（例如，在 Amazon EC2 上）运行软件，则应在部署过程中定期更新操作系统的版本。使用 Docker 容器也是跟踪操作系统依赖项的一种好方法，因为 Docker 配置文件将明确列出在实例化容器时要安装的软件。

14.1.1.3   完整性检查

最后一个考虑：你需要确保你认为正在运行的代码就是你实际正在运行的代码。

依赖项管理器和修补工具在这里会有所帮助。它们通过使用校验和数字指纹来确保软件组件的交付不被损坏，这些校验和数字指纹是在将依赖项上传到存储库时计算的，并且在下载依赖项以供使用时可以重新计算和验证。在将 JavaScript 代码和其他资源部署到浏览器时，应该努力提供相同的保证。

现代浏览器允许你通过在 HTML 中的 <script> 和 <style> 标签中添加子资源完整性检查（subresource integrity check）来做到这一点。你的编译过程需要为客户端上导入的每个资源文件生成一个校验和，并将该校验和分配给每个导入标记的 integrity 属性。代码清单 14-2 显示了如何使用 openssl 实用程序生成校验和。

代码清单 14-2 要在 UNIX 中生成校验和，使用 pipe 将 JavaScript 文件 FILENAME.js 传递给 openssl 以生成摘要，并在 Base64 中对其进行编码

```
cat FILENAME.js | openssl dgst -sha384 -binary | openssl base64 -A
```

浏览器会将脚本与预期的校验和进行比较，并在执行导入的代码之前验证是否存在匹配项。这使获得访问服务器权限的黑客更难用恶意代码替换 JavaScript 文件，因为他们还必须获得访问并更改生成 <script> 标签代码的权限，如代码清单 14-3 所示。

代码清单 14-3 通过计算文件的校验和并将其添加到导入脚本的 HTML 标签的 integrity 属性中，可以确保导入的 JavaScript 文件的完整性

```
<script src="https://example.com/example-framework.js"
        integrity="sha384-oqVuAfXRKap7fdgcCY5uykM6+R9GqQ8K/uxy9rx7HNQlG"
        crossorigin="anonymous"></script>
```

14.1.2 能够快速部署新版本

应对安全问题要求能够快速部署补丁程序，这意味着要有序地执行脚本化发布过程。第 5 章涵盖了大部分内容：发布过程应可靠、可重现和可恢复，并且发布应与源代码控制系统中的代码分支相关联。依赖项管理器使用的配置文件应保留在源代码管理下，以便你可以跟踪所部署的每个依赖项的版本。

通常会为第三方组件单独部署安全修补程序来升级依赖版本，而不是发布对自己代码的任何更改。仅包含第三方代码更改的版本仍然要求你对网站进行回归测试，

换句话说，确保升级的依赖项不会破坏网站上的任何现有功能。如果在单元测试中有很好的覆盖范围，那么回归测试就是例行公事。在单元测试运行期间执行的代码库行数越多，所需的手动测试就越少。花一些时间编写好的单元测试将使部署安全补丁程序更快更容易。

14.1.3　对安全问题保持警惕

通过精心管理的依赖项和可靠的发布过程，你可以很好地保护所使用的第三方代码。最后一个难题是，当安全问题被披露时，仍有一部分第三方代码处于运行中。多亏了互联网，我们有了很多方法可以跟踪。

14.1.3.1　社交媒体

安全公告通过 Twitter、Reddit 和 Hacker News（https://news.ycombinator.com/）等社交媒体和新闻网站迅速传播，因此这些网站是快速获取安全新闻的好方法。大型软件漏洞将在 https://www.reddit.com/r/programming/ 和 https://www.reddit.com/r/technology 之类的子版本中进行讨论，通常会在 Hacker News 的首页上发布。

如果有时间在 Twitter 上关注技术专家和软件作者，那么安全问题通常会成为当天的话题。这也是与软件世界保持同步的好方法。

14.1.3.2　邮件列表和博客

编程语言通常有发布重大新闻的邮件列表和频道。例如，Python 软件基金会每周发布一份时事通讯，并有自己的 Slack 频道。确保订阅与你的技术堆栈相关的任何内容。

存在大量关于信息安全的博客。请查看 Brian Krebs（https://krebsonsecurity.com/）和 Bruce Schneier（https://www.schneier.com/）分享的信息，你可以获取有关当今安全问题的精彩评论。

14.1.3.3　官方通报

请注意来自主机托管提供商和软件供应商的安全警告。当发生 Heartbleed（心脏出血）规模的重大安全问题时，托管公司将与客户沟通，并指导他们完成补丁程序。众所周知，微软每周二（patch Tuesday）都会发布新的补丁程序，所以如果你使用微软的产品，一定要注册它的时事通讯。

14.1.3.4 软件工具

除了密切关注之外，自动化工具还可以检查依赖项是否存在已知漏洞。Node.js 引领了这一潮流，因为节点软件包管理器（NPM）现在合并了 npm audit 命令，该命令可用于根据开放源数据库漏洞来交叉检查依赖项版本。对于 Ruby 语言来讲，等效的工具是 bundler-audit gem。对于 Java 和 .NET，开放 Web 应用程序安全项目（Open Web Application Security Project，OWASP）发布了一个称为 dependency-check 的命令行工具。在编译代码时，将这些工具整合到编译过程中将提醒你任何潜在的漏洞，并使你能够评估每个漏洞的风险。

你的源代码存储库也可以提供帮助。GitHub 自动扫描其站点上托管的代码，并在发现易受攻击的依赖项时发出安全告警。

14.1.4 知道什么时候升级

需要注意的是，并非所有安全问题都具有同等优先级！不断升级依赖关系可能很耗时，尤其是因为特定通报中的许多安全问题可能会因其他因素而在你的系统中得到缓解。大型组织具有正式的流程，用于审核安全告警，对其进行优先级排序，然后选择适当的操作。只要你的团队已经评估了所涉及的风险，就可以在下一个计划的版本中进行小规模的安全升级。

14.2 保护配置

软件安全与配置有关。对于第三方软件尤其如此：如果你安装新数据库并使用默认的用户账户和密码运行，则会很快遇到麻烦。黑客经常在 Internet 上扫描以默认设置运行的软件组件，因为他们知道许多站点所有者在安装软件时会使用默认配置。

如果你运行的软件配置不安全，那么你可能正在向全世界宣传这一事实。信息安全咨询小组 Offensive Security 维护着 Google Hacking 数据库，该库收录了可以通过简单的 Google 搜索即可找到的不安全软件。Google 搜索爬虫会为页面进行全面索

引，并提供了一套功能强大的工具，可以根据这些信息完善搜索。例如，搜索 /etc/
certs 将列出数百万台将其数字证书目录暴露在互联网上的 Web 服务器，这是一个重
大的安全漏洞！

　　使用安全的配置部署依赖项是避免被黑客攻击的关键。安全的配置要求使用强
大的凭据设置服务，安全地存储配置信息，并限制攻击者访问环境的某个部分时可
能造成的损害。让我们看看如何进行安全配置。

14.2.1　禁用默认凭据

　　许多软件包都带有默认的登录凭据，使初次使用的用户可以轻松启动并运行它
们。在将软件部署到测试或生产环境之前，请确保禁用这些凭据。如果你的数据库、
Web 服务器或内容管理系统是使用例如管理员账户部署的，则会被扫描 Internet 以查
找易受攻击软件的机器人程序快速检测到。

14.2.2　禁用开放目录列表

　　Web 服务器往往会过度共享。例如，较早版本的 Apache Web 服务器将 URL 路
径映射到文件，如果 URL 中省略了文件名，则将有助于列出目录中包含的文件。开
放目录列表会"邀请"黑客浏览你的文件系统，使他们可以搜索敏感数据文件和安
全密钥。确保在你的 Web 服务器配置中禁用目录列表。代码清单 14-4 显示了如何在
Apache Web 服务器中完成此操作。

代码清单 14-4　删除关键字 Indexes 以防止此 Apache 配置文件生成开放目录列表

```
<Directory /var/www/>
  Options Indexes FollowSymLinks
  AllowOverride None
  Require all granted
</Directory>
```

14.2.3　保护你的配置信息

　　你的 Web 服务器配置可能包含敏感信息，例如数据库凭据和 API 密钥。许多开
发团队将配置文件存储在源代码管理中，以简化部署。然而，考虑一下黑客可以对

你的源代码管理系统做些什么：这类敏感信息是黑客首先要搜索的内容。数据库凭据、API 密钥、私有加密密钥、证书和其他敏感配置详细信息需要保存在源代码控制系统之外。

一种常见的方法是在操作系统级别将敏感配置记录在环境变量中，并让配置代码在启动时从这些环境变量初始化自己。这些环境变量可以由服务器上本地存储的配置文件初始化。

另一种方法是使用专用配置存储。Amazon Web Services（AWS）允许你将配置安全地存储在其 Systems Manager 参数中。Microsoft 服务器经常将凭据存储在 Active Directory 中，以允许获得细粒度的权限。将配置存储在数据库表中是另一种选择，不过你应该考虑如果攻击者获得你的数据库的访问权限，他们可能会如何扩大攻击。你的 Web 服务器在加载其余配置之前，必须访问你的数据库凭据！

确保配置信息安全的一种可靠方法是以加密形式存储它，并使用诸如 AES-128 之类的算法进行加密。这种方法意味着，黑客在窃取你的凭据之前必须先破坏你的配置数据和解密密钥。记住将解密密钥存储在与配置文件不同的位置，否则安全性将受到影响。

14.2.4　加固测试环境

预生产环境通常与生产环境安装相同的软件，但安全性通常比较低。如果你的测试环境包含敏感数据（例如，如果你曾经从生产环境中复制数据以帮助进行测试），则需要将测试环境配置为与生产环境一样安全。至关重要的是，生产环境和非生产环境不应共享凭据或 API 密钥。如果黑客试图破坏你的测试服务器，那么你应该限制他们可能造成的损害。

14.2.5　保护管理前端

某些软件组件随附可通过 Internet 使用的管理工具。管理接口是黑客最喜欢的目标。你经常会遇到恶意机器人通过测试是否存在 /wp-login.php 页面来探测没有防护的 WordPress 实例。

如果你不打算使用这些管理前端，请在你的配置中将其禁用。如果你打算使用它们，请确保删除所有默认登录凭据，并在可能的情况下限制可以访问它们的 IP 范围。请查阅软件的文档，或在 Stack Overflow（https://stackoverflow.com/）上进行快速搜索以了解操作方法。

现在，你已经了解了如何保护服务器上运行的第三方代码的安全，让我们看一下如何安全地和其他服务器上运行的代码集成。

14.3　保护你使用的服务

第三方服务广泛应用于现代 Web 开发中。你可能使用 Facebook 登录进行身份验证，使用 Google AdSense 在你的网站上发布广告，使用 Akamai 托管静态内容，使用 SendGrid 发送事务性电子邮件，使用 Stripe 处理支付。

将这些类型的服务集成到你的网站中通常意味着在服务提供商处创建一个账户，获得机密访问凭据，并更改你的网站代码以使用该服务。这里有两个安全考虑。首先，黑客通常会试图窃取你的访问凭据，以便使用这些服务访问你的账户。例如，这将使他们能够挖掘有关你的账户的信息，甚至在处理支付时发起金融交易。其次，每一个第三方服务都是你网站的潜在攻击媒介，因为黑客试图危害服务提供商以获取广泛的目标。

让我们从第一个考虑开始：学习如何安全地存储你的访问凭据。

14.3.1　保护你的 API 密钥

许多第三方服务在你注册时会向你签发一个应用程序编程接口（API）密钥，并且你的代码在与 API 交互时必须将该密钥作为访问令牌。API 密钥需要安全存储。通常，这意味着将 API 密钥安全地存储在服务器的配置中，如前一节所述。

一些 API 会签发两个 API 密钥：一个可以安全地传递到浏览器的公用密钥，用于从 JavaScript 进行 API 调用；另一个私钥必须安全地保存在服务器上，用于从服务器端进行私有 API 调用以执行更敏感的操作。公钥具有较少的关联特权。审计你的代码，以确保这些密钥不会混淆！你不想意外地将较高特权的私钥发送给客户端。即使是将配置变量命名为 SECRET_KEY 这样简单的事情也会提醒开发团队注意风险。

其他服务允许你生成可以传递给客户端的临时访问令牌。通常，这些令牌只能使用一次，也可以在有限的时间内使用，以防止恶意用户滥用。这些访问令牌可以防止重放攻击，攻击者通过重新发送 HTTP 请求来尝试重复操作（例如，重复支付）。确保你的代码仅在用户已对自己进行身份验证时生成访问令牌，否则攻击者可能会根据需要生成新的访问令牌。

14.3.2　保护你的 webhook

大多数 API 集成都涉及从 Web 服务器或浏览器对服务提供商的 API 进行 HTTPS 调用。当服务提供商需要以相反的方向进行调用（例如，向你发送通知）时，它可能会要求你实现 webhook。这是你网站上的一个简单的"反向 API"，服务提供商将在事件发生时向其发送 HTTPS 请求。例如，当用户打开你发送的电子邮件或你的支付开始处理时，你可能会收到 webhook 调用。

因为 webhook 是公共 URL，所以互联网上的任何人都可以调用它们，而不仅仅是服务提供商。如果服务提供程序支持通过 webhook 调用发送凭据，则应在处理 webhook 调用之前验证这些凭据是否正确。

如果 webhook 调用纯粹是信息性的，并且不包含敏感数据，那么它可能在发送时没有附加任何凭据。在这种情况下，攻击者可以很容易地欺骗此类 webhook 调用。在进行任何进一步处理之前，请准备好通过对服务提供商的 API 的进一步回调来验证通知。

14.3.3　第三方提供的安全内容

黑客最喜欢的伎俩是找到一种在别人的域名下提供恶意内容的方法；受害者可能被他们信任的网站诱骗产生一种虚假的安全感。用户已经习惯了信任浏览器中的挂锁图标，因此，如果黑客能够找到在大型公司的安全证书下部署恶意软件的方法，那么他们将能够欺骗更多的受害者进行下载。

许多网站使用内容交付网络（CDN）或基于云的存储（如 Amazon S3）来提供频繁访问的内容。当 Web 开发人员与这种类型的服务集成时，他们通常会通过进行 DNS 更改将流量从其域路由到服务，例如将子域 subdomain.example.com 上的流量重定向到服务。这允许第三方提供的内容用站点的安全证书加密。

黑客经常通过在 Internet 上扫描 DNS 条目来尝试进行子域接管，这些 DNS 条目描述了指向未初始化或未激活服务的 IP 地址的子域。然后，他们将使用列出的 IP 地址之一向服务提供商注册。这将使他们能够使用受害者的域名来创建指向其恶意内容的链接。

如果你的网站提供由 CDN 或基于云的存储托管的内容，则需要注意 DNS 条目仅指向活动的（live）IP 地址。仅在确认服务已在你的控制下启动并运行后才进行 DNS 更改，如果更改服务提供商，则立即撤销 DNS 更改。

现在你已经知道如何保护与服务提供商的集成，下面我们来看另一个方向的威胁。

14.4　服务作为攻击媒介

第三方服务可能成为对你的网站进行恶意攻击的媒介。对于在客户端集成的服务尤其如此，因为从第三方域导入的任何 JavaScript 代码都存在安全风险。

让我们以 Google Analytics 为例。将 Google Analytics 工具添加到你的网站时，你需要向 Google 注册一个账户以获取跟踪 ID，然后在希望跟踪用户活动的页面上导入外部 JavaScript 代码，如代码清单 14-5 所示。

代码清单 14-5　将 Google Analytics 添加到网页的方法

```
<script src="https://www.googletagmanager.com/gtag/js?id=GA_TRACKING_ID"></script>
```

导入的代码可以读取页面 DOM 中的任何内容，包括用户输入的敏感数据。它还能够以潜在的误导性方式对 DOM 进行更改，例如，为了欺骗用户输入其凭据。添加客户端服务时，请务必考虑这些风险。恶意代码可以由第三方服务本身提供，也可以由损害服务的攻击者提供。Google Analytics 从未受到攻击者的入侵，我只是在这里以它为例！

不幸的是，当考虑如何运行从第三方导入的客户端代码时，当前的浏览器安全模型还不是很完善。浏览器中的 JavaScript 代码在沙盒中运行，这意味着它与底层操作系统隔离，无法访问磁盘上的文件，但是网站上从不同来源导入的 JavaScript 文件都在同一沙盒中运行。

HTML 标准委员会目前正在制定即将发布的 Web 组件规范（https://www.webcomponents.org/），该规范为代码和页面元素定义了更细粒度的权限。虽然这些细节还在最终确定和实施中，但是，你应该在站点上实施合理的安全预防措施。让我们看看通过第三方渠道进行攻击的最常见（到目前为止）媒介——恶意广告，并以此为例讨论一下如何保护客户端集成的安全。

14.4.1　警惕恶意广告

广告是现代网络的重要组成部分：互联网上的大部分内容都是由广告收入资助的，企业每年在网络广告上的花费超过 1000 亿美元。广告通常由第三方广告平台发布在网站上。网站所有者（在线广告业界中称为发布者）将订阅广告平台，然后划分出应该显示广告的区域。广告平台将在网站加载时在每个页面上导入 JavaScript 代码来填充这些空间。

主要的广告平台（例如 Google AdSense）使用分析功能来确定发布商提供的内容类型以及访问该网站的人群类型，从而确定要放置的广告类型。发布商有时直接与广告商打交道，或将其广告空间放在交易所出售。广告购买方可能针对特定受众群体（例如访问运动鞋网站的 18 ～ 25 岁的男性）购买 1000 次广告展示。

作为发布商，你对广告有一定的控制权，但通常不会事先批准每一个广告。例如，Google AdSense 允许发布商屏蔽广告或特定域的类别，或者拒绝已经开始向用户显示的特定广告。

这是一种安全风险，因为黑客经常将广告平台用作攻击媒介。恶意广告使攻击者可以利用恶意软件同时攻击多个站点。恶意广告是互联网上日益普遍的威胁，它可能使发布商和广告网络感到难堪，并使用户成为受害者。

14.4.2　避免恶意软件传递

广告中的恶意软件通常是通过漏洞利用工具套件传递的，漏洞利用工具套件确定特定的浏览器和操作系统是否易受攻击，然后再传递实际的恶意代码——攻击载荷。攻击载荷可能包括重定向或锁定浏览器的脚本、通过插件中的漏洞传递的病毒或勒索软件，甚至包括在用户浏览器中挖掘加密货币的 JavaScript 代码。

漏洞利用工具套件的开发者正在与安全研究人员进行"军备竞赛"。为逃避检测，漏洞利用工具套件经常托管在动态生成的 URL 上，并通过仅偶尔触发来逃避自动扫描。甚至发现有的利用工具套件试图通过检测虚拟机何时在虚拟机中运行来防止恶意软件分析（恶意软件研究人员在分析有害代码时经常使用虚拟机隔离有害代码）。

如果黑客通过广告投放在你的网站植入恶意软件，那么你网站的用户将可能处于危险之中。为了保护你的用户，你可以确保仅与可信赖的广告平台合作，在网站的安全框架中部署广告并持续提防恶意广告。

14.4.3　使用信誉良好的广告平台

大多数情况下，防范恶意广告是广告平台的责任。它们是与广告购买者有关联的，只有它们对那些广告客户具有足够的可见性，所以也只有它们才能发现恶意广告行为。

Google（到目前为止）是广告领域最大的玩家。Google 允许规模较小的发布商使用自助式 AdSense 平台通过其网站获利。较大的发布商被授予访问 AdX 的权限，该平台使发布商可以指定其广告合作伙伴并设置自己的价格。这两个平台都从第三方广告网络获取广告。

Google 在防御恶意广告方面表现出色，因为它们的收入很大程度上依赖于它们的广告平台。要利用这一点，你应该把 AdSense 或 AdX 作为你选择广告平台的首选。

但是，基于声誉原因，Google 选择不与某些类型的网站合作。例如，含有成人主题或暴力内容的网站将很难获得 AdSense 批准。在这种情况下，你可能必须使用较小的广告平台，但这类平台可能只投入较少的资源和较低的优先级来保护你免受恶意软件攻击。在选择平台之前先做一些研究。

14.4.4　使用 SafeFrame

在网页中隔离第三方内容的最有效方法是将内容放在 <iframe> 标签内。加载到

iframe（内联框架）中的 JavaScript 代码无法访问包含页面的 DOM。HTML5 通过将 sandbox 属性添加到 <iframe> 标签中，增加了更精细的控件。例如，此属性允许框架指定所包含的内容是否可以提交 POST 请求或打开新窗口。

　　广告行业采用了一种称为 SafeFrame 的标准，该标准允许发布商指定广告必须在 iframe 中运行。SafeFrame 标准使用 <iframe> 标签，并添加了 JavaScript API，从而允许广告客户解决 iframe 的某些固有限制。例如，API 允许广告脚本知道框架何时可见，并对大小变化做出响应。

　　你的广告平台可以选择仅显示符合 SafeFrame 的广告，你应该使用这个选项。因为这将阻止任何试图干扰网页呈现的恶意广告脚本。

14.4.5　定制广告偏好设置

　　大多数广告平台允许自定义向用户显示的广告内容类型。如果你使用 Google AdSense，请确保仅显示来自 Google 认证的广告网络的内容。众所周知，黑客会为规模较小、已弃用的广告网络购买过期域名，以分发恶意软件。

　　盘点一下你正在展示的广告种类。你可能想要阻止类似快速致富计划和多层营销活动的广告，以及任何将其描述为可下载的内容。

14.4.6　审查并报告可疑广告

　　定期从广告平台信息中心内查看在你网站上展示的广告。请记住：广告是为访问者量身定制的，因此仅在浏览器中访问你的网站并不会向你显示所有广告。报告并屏蔽任何可疑的内容。当用户离开你的网站时，最好记录离开的 URL，这样你就可以跟踪广告是否将用户带到可疑网站。

14.5　小结

　　第三方代码中的漏洞会对你的网站构成威胁。使用依赖项管理器来跟踪使用的第三方依赖项，将依赖项清单置于源代码控制之下，并显式地命名依赖项版本。确保已为编译和部署过程编写脚本，以便有安全公告发布时可以轻松升级依赖项（应该包括操作系统补丁）。保持关注社交媒体和新闻站点，以便及时知道是否有安全公告发布。使用审核工具来检测依赖关系树中易受攻击的软件组件。在网页上导入 JavaScript 代码时，请使用 integrity 属性，以便浏览器可以验证这些文件。

确保你的网站没有在不安全的配置下运行；黑客会通过简单的 Google 搜索发现具有不安全配置的软件组件。禁用系统的任何默认凭据，并在 Web 服务器配置中禁用开放目录列表。将敏感的配置信息（例如，数据库访问凭据或 API 密钥）置于源代码控制之外；应该将它们保存在专用的配置存储中，并在启动时加载它们。请注意确保测试环境和管理前端的配置安全，因为它们是常见的攻击目标。

注意不要将敏感的 API 密钥或访问令牌传递给客户端。确保任何 webhook 免受欺骗攻击。如果在你的域名下的其他位置提供托管内容（例如，通过将其托管在内容交付网络或云存储中），请确保攻击者无法将恶意软件植入这些系统，并在你的安全证书下提供服务。

了解你的网站上任何广告所带来的恶意软件风险。使用信誉良好的广告网络，并使用其允许的所有基于安全框架的安全设置。定期检查你网站上的广告。举报任何你发现的可疑广告并将其列入黑名单。

在下一章中，我们将研究与 XML 解析有关的漏洞。XML 在现代 Internet 上无处不在，也是黑客想要攻击的目标。

第 15 章

XML 攻击

随着 20 世纪 90 年代互联网的爆炸性增长，组织开始通过网络彼此共享数据。在计算机之间共享数据意味着共享数据的格式要一致。网络上人类可读文档正在使用超文本标记语言（HTML）进行标记。机器可读文件通常以称为可扩展标记语言（XML）的类似数据格式存储。

XML 可以被认为是 HTML 的一种更通用的实现：在这种标记形式中，标签和属性名称可以由文档作者选择，而不像 HTML 规范中那样是固定的。在代码清单 15-1 中，你可以看到一个 XML 文件，它使用 <catalog>、<book> 和 <author> 之类的标签描述了一本书的目录。

代码清单 15-1　描述图书目录的 XML 文档

```
<?xml version="1.0"?>
<catalog>
   <book id="7991728882998">
     <author>Sponden, Phillis</author>
     <title>The Evil Horse That Knew Karate</title>
     <genre>Young Adult Fiction</genre>
     <description>Three teenagers with very different personalities
team up to defeat a surprising villain.</description>
   </book>
   <book id="28299171927772">
     <author>Chenoworth, Dr. Sebastian</author>
     <title>Medical Encyclopedia of Elbows, 12th Edition</title>
     <genre>Medical</genre>
     <description>The world's foremost forearm expert gives detailed diagnostic
and clinical advice on maintaining everyone's favorite joint.</description>
   </book>
</catalog>
```

这种数据格式的流行（尤其是在 Web 的早期）意味着 XML 解析——将 XML 文件转换为内存中代码对象的过程——在过去的几十年中已在每个浏览器和 Web 服务器中实现。不幸的是，XML 解析器是黑客的共同攻击目标。即使你的网站在设计上不处理 XML，Web 服务器也可能在默认情况下解析这种数据格式。本章介绍如何攻击 XML 解析器以及如何化解这些攻击。

15.1　XML 的使用

就像 HTML 一样，XML 将数据项封装在标签之间，并允许标签相互嵌入。XML 文档的作者可以选择语义上有意义的标签名，以便 XML 文档可以自我描述。由于 XML 可读性强，因此数据格式被广泛采用以对数据进行编码供其他应用程序使用。

XML 的用途很多。API 允许客户端软件在互联网上通过调用函数使用 XML 进行接收和响应。Web 页面中异步通信回服务器的 JavaScript 代码通常使用 XML。许多类型的应用程序（包括 Web 服务器）都使用基于 XML 的配置文件。

在过去的十年中，一些应用程序已经开始使用比 XML 更好、更简洁的数据格式。例如，JSON 是用 JavaScript 和其他脚本语言对数据进行编码的更自然的方法。YAML 语言使用有意义的缩进，使其成为配置文件的更简单格式。然而，每台 Web 服务器仍都以某种方式实现 XML 解析，因此需要防止 XML 攻击。

XML 漏洞通常发生在验证过程中。让我们花点时间讨论一下在解析 XML 文档的过程中验证意味着什么。

15.2　验证 XML

由于 XML 文件的作者可以选择文档中使用的标记名称，因此任何读取数据的应用程序都需要知道有哪些标记以及它们以什么顺序出现。XML 文档的预期结构通常由可以验证文档的合适语法来描述。

语法文件指示解析器哪些字符序列是语言中的有效表达式。例如，一种编程语言语法可能会指定变量名称只能包含字母数字字符，并且某些运算符（例如 +）需要两个输入。

　　XML 有两种主要的方式来描述 XML 文档的预期结构。文档类型定义（DTD）文件类似于通常用于描述编程语言语法的 Bachus-Naur 格式（BNF）表示法。XML 模式定义（XML Schema Definition，XSD）文件是一种更现代、更具表现力的替代文件，能够描述更多的 XML 文档。在这种情况下，语法本身在 XML 文件中描述。XML 解析器广泛支持两种 XML 验证方法。但是，DTD 包含一些使解析器容易受到攻击的特性，因此我们将重点介绍。

文档类型定义

　　DTD 文件通过指定标签、子标签和文档中期望的数据类型来描述 XML 文件的结构。代码清单 15-2 中展示了一个 DTD 文件，该文件描述了代码清单 15-1 中 <catalog> 和 <book> 标签的预期结构。

代码清单 15-2　一个描述代码清单 15-1 中 XML 格式的 DTD 文件

```
<!DOCTYPE catalog [
  <!ELEMENT catalog     (book+)>
  <!ELEMENT book        (author,title,genre,description)>
  <!ENTITY  author      (#PCDATA)>
  <!ENTITY  title       (#PCDATA)>
  <!ENTITY  genre       (#PCDATA)>
  <!ENTITY  description (#PCDATA)>
  <!ATTLIST book id CDATA>
]>
```

　　该 DTD 描述了顶级 <catalog> 标签应包含零个或多个 <book> 标签（数量用 + 表示），并且每个 <book> 标签应包含描述 author（作者）、title（标题）、genre（类型）、description（说明）以及 id 属性的标签。标签和属性应包含已解析的字符数据（#PCDATA）或字符数据（CDATA）——不是标签而是文本。

　　可以将 DTD 包含在 XML 文档中，以使文档进行自我验证。但是，支持此类内联 DTD 的解析器很容易受到攻击——因为上传这样的 XML 文档的恶意用户可以控制 DTD 的内容，而不是由解析器本身提供。黑客使用内联 DTD 来成倍地增加文档在解析（XML 炸弹）和访问服务器上其他文件（XML 外部实体攻击）时所消耗的服务器内存量。让我们看看这些攻击是如何运作的。

15.3 XML 炸弹

XML 炸弹使用内联 DTD 暴增 XML 解析器的内存使用量。这将耗尽服务器可用的所有内存并使它崩溃，从而使 Web 服务器宕机。

XML 炸弹利用了这样一个事实，即 DTD 可以指定在解析时展开的简单字符串替换宏，称为内部实体声明。如果 XML 文件中经常使用文本片段，则可以在 DTD 中将其声明为内部实体。这样，你就不必在每次需要时都在文档中输入它——只需输入实体名即可。在代码清单 15-3 中，包含员工记录的 XML 文件通过使用内部实体声明在 DTD 中指定公司名称。

代码清单 15-3 一个内部实体声明

```
<?xml version="1.0"?>
<!DOCTYPE employees [
  <!ELEMENT employees (employee)*>
  <!ELEMENT employee (#PCDATA)>
  <!ENTITY company "Rock and Gravel Company"❶>
]>
<employees>
  <employee>
    Fred Flintstone, &company;❷
  </employee>
  <employee>
    Barney Rubble, &company;❸
  </employee>
</employees>
```

字符串 &company;❷❸ 充当值 Rock and Gravel Company ❶ 的占位符。解析文档后，解析器将 &company; 的所有实例替换为 Rock and Gravel Company，并生成最终文档，如代码清单 15-4 所示。

代码清单 15-4 解析器处理 DTD 之后的 XML 文档

```
<?xml version="1.0"?>
<employees>
  <employee>
    Fred Flintstone, Rock and Gravel Company
  </employee>
  <employee>
    Barney Rubble, Rock and Gravel Company
  </employee>
</employees>
```

内部实体声明很有用（如果你很少使用）。当内部实体声明引用其他内部实体声明时会出现问题。代码清单 15-5 展示了构成 XML 炸弹的一系列嵌套的实体声明。

代码清单 15-5   一种被称为 billion laughs attack 的 XML 炸弹

```
<?xml version="1.0"?>
<!DOCTYPE lolz [
  <!ENTITY lol "lol">
  <!ENTITY lol2 "&lol;&lol;&lol;&lol;&lol;&lol;&lol;&lol;&lol;&lol;">
  <!ENTITY lol3 "&lol2;&lol2;&lol2;&lol2;&lol2;&lol2;&lol2;&lol2;&lol2;&lol2;">
  <!ENTITY lol4 "&lol3;&lol3;&lol3;&lol3;&lol3;&lol3;&lol3;&lol3;&lol3;&lol3;">
  <!ENTITY lol5 "&lol4;&lol4;&lol4;&lol4;&lol4;&lol4;&lol4;&lol4;&lol4;&lol4;">
  <!ENTITY lol6 "&lol5;&lol5;&lol5;&lol5;&lol5;&lol5;&lol5;&lol5;&lol5;&lol5;">
  <!ENTITY lol7 "&lol6;&lol6;&lol6;&lol6;&lol6;&lol6;&lol6;&lol6;&lol6;&lol6;">
  <!ENTITY lol8 "&lol7;&lol7;&lol7;&lol7;&lol7;&lol7;&lol7;&lol7;&lol7;&lol7;">
  <!ENTITY lol9 "&lol8;&lol8;&lol8;&lol8;&lol8;&lol8;&lol8;&lol8;&lol8;&lol8;">
]>
<lolz>&lol9;</lolz>
```

解析此 XML 文件时，字符串 &lol9; 将被替换为重复 10 次 &lol8; 的字符串。然后，每个 &lol8; 字符串将被替换为重复 10 次 &lol7; 的字符串。XML 文件的最终形式由一个包含重复超过十亿次 lol 的 <lolz> 标签组成。当 DTD 完全展开时，这个简单的 XML 文件将占用超过 3GB 的内存，足以使 XML 解析器崩溃！

耗尽 XML 解析器可用的内存会使 Web 服务器宕机，这使 XML 炸弹成为黑客发起拒绝服务攻击的有效方法。攻击者所需要做的就是在你的站点上找到一个接受 XML 上传的 URL，然后单击一个按钮即可让你的 Web 服务器宕机。

接受内联 DTD 的 XML 解析器也容易受到以不同方式利用实体定义的更为隐蔽的攻击。

15.4　XML 外部实体攻击

DTD 可以包含来自外部文件的内容。如果将 XML 解析器配置为处理内联 DTD，则攻击者可以使用这些外部实体声明来浏览本地文件系统或触发来自 Web 服务器本身的网络请求。

一个典型的外部实体如代码清单 15-6 所示。

代码清单 15-6　使用外部实体在 XML 文件中包含 copyright 范例文本

```
<?xml version="1.0" standalone="no"?>
<!DOCTYPE copyright [
  <!ELEMENT copyright (#PCDATA)>
  <!ENTITY copy PUBLIC "http://www.w3.org/xmlspec/copyright.xml"❶>
]>
<copyright>&copy;❷ </copyright>
```

根据 XML 1.0 规范，解析器需要读取外部实体中指定文件的内容，并在引用实体的任何地方将该数据插入 XML 文档。在本例中，托管在 http://www.w3.org/xmlspec/copyright.xml❶ 的数据将插入 XML 文档中任何出现 ©❷ 的位置。

外部实体声明引用的 URL 可以使用各种网络协议，具体取决于前缀。我们的示例 DTD 使用 http:// 前缀，这将导致解析器发出 HTTP 请求。XML 规范还支持使用 file:// 前缀来读取磁盘上的本地文件。因此，外部实体定义是安全灾难。

黑客如何利用外部实体

当 XML 解析器抛出错误时，错误消息通常会包含要解析的 XML 文档的内容。基于这一点，黑客会使用外部实体声明来读取服务器上的文件。例如，恶意制作的 XML 文件可能包含对文件的引用，例如 Linux 系统上的 file://etc/passwd。当解析器将此外部文件插入 XML 文档时，XML 的格式会出现异常，因此解析失败。然后，解析器将文件内容"尽职地"包含在错误响应中，从而使黑客可以查看所引用文件中的敏感数据。使用此技术，黑客可以读取易受攻击的 Web 服务器上包含密码和其他机密信息的敏感文件。

外部实体也可以用于实施服务器端请求伪造（SSRF）攻击，从而使攻击者从你的服务器触发恶意 HTTP 请求。一个简单配置的 XML 解析器在遇到带有网络协议前缀的外部实体 URL 时就会发出一个网络请求。攻击者能够欺骗你的 Web 服务器在他们选择的 URL 上发出网络请求，这对攻击者来说是有利的！黑客已在使用此功能来探测内部网络、对第三方发起拒绝服务攻击以及掩盖恶意 URL 调用。在下一章中，你将了解更多有关 SSRF 攻击的风险。

15.5   保护你的 XML 解析器

这是一个简单的修复程序,可以保护你的解析器免受 XML 攻击:在你的配置中禁用内联 DTD。DTD 是一种过时的技术,而内联 DTD 则是一个不好的做法。实际上,许多现代 XML 解析器默认都做过加固,这意味着它们默认会禁用可能使解析器受到攻击的功能,因此你可能已经受到保护。如果不确定,则应检查所使用的 XML 解析技术。

下面几节介绍针对主流的 Web 编程语言如何保护 XML 解析器。即使你认为你的代码不解析 XML,你所使用的第三方依赖也可能以某种形式使用 XML。确保在 Web 服务器启动时分析整个依赖关系树,以查看哪些库加载到了内存。

15.5.1   Python

defusedxml 库明确拒绝了内联 DTD,并且直接替代了 Python 的标准 XML 解析库。使用此模块替代 Python 的标准库。

15.5.2   Ruby

Nokogiri 库是 Ruby 中解析 XML 的事实标准。自 1.5.4 版本以来,该库已针对 XML 攻击进行了加固,因此请确保你的代码使用该版本或更高版本进行解析。

15.5.3   Node.js

Node.js 具有各种用于解析 XML 的模块,包括 xml2js、parse-xml 和 node-xml。它们中的大多数忽略了设计对 DTD 的处理,因此请确保查阅所用解析器的文档。

15.5.4   Java

Java 有多种解析 XML 的方法。符合 Java 规范的解析器通常通过类 javax.xml.parsers.DocumentBuilderFactory 启动解析。代码清单 15-7 展示了如何使用 XMLConstants.FEATURE_SECURE_PROCESSING 特性在实例化该类的任何地方配置安全 XML 解析。

代码清单 15-7　保护 Java XML 解析库

```
DocumentBuilderFactory factory = DocumentBuilderFactory.newInstance();
factory.setFeature(XMLConstants.FEATURE_SECURE_PROCESSING, true);
```

15.5.5　.NET

.NET 具有各种 XML 解析方法，所有方法都包含在 System.Xml 命名空间中。默认情况下，XmlDictionaryReader、XmlNodeReader 和 XmlReader 是安全的，System.Xml.Linq.XElement 和 System.Xml.Linq.XDocument 也是安全的。自 .NET 的 4.5.2 版本以来，System.Xml.XmlDocument、System.Xml.XmlTextReader 和 System.Xml.XPath.XPathNavigator 一直处于安全状态。如果你使用的是 .NET 的早期版本，则应切换到安全解析器，或禁用对内联 DTD 的处理。代码清单 15-8 显示了如何通过设置 ProhibitDtd 属性标记来做到这一点。

代码清单 15-8　在 .NET 中禁用内联 DTD 处理

```
XmlTextReader reader = new XmlTextReader(stream);
reader.ProhibitDtd = true;
```

15.6　其他考虑

外部实体攻击的威胁说明了遵循最小特权原则的重要性，该原则规定应向软件组件和过程授予执行其任务所需的最小权限集。XML 解析器发出出站网络请求的理由很少——考虑锁定整个 Web 服务器的出站网络请求。如果确实需要出站网络访问（例如，服务器代码调用了第三方 API），则应在防火墙规则中将这些 API 的域加入白名单。

同样，限制 Web 服务器访问磁盘上的目录也很重要。在 Linux 操作系统上，这可以通过在 chroot jail 中运行 Web 服务器进程来实现，这将忽略正在运行的进程更改其根目录的任何尝试。在 Windows 操作系统上，你应该手动将 Web 服务器可以访问的目录列入白名单。

15.7　小结

可扩展标记语言（XML）是一种灵活的数据格式，广泛用于在互联网上交换机器可读数据。如果 XML 解析器配置为接受和处理内联文档类型定义（DTD），则可能容易受到攻击。XML 炸弹使用嵌入式 DTD 爆炸性增加解析器的内存使用量，从而可能使你的 Web 服务器崩溃。XML 外部实体攻击引用本地文件或网络地址，可用于欺骗解析器泄露敏感信息或发出恶意网络请求。确保使用一个禁用内联 DTD 解析的加固版 XML 解析器。

下一章将介绍本章中涉及的一个概念：黑客如何利用 Web 服务器中的安全漏洞对第三方发起攻击。即使你不是直接的受害者，做一个好的互联网公民并阻止使用你的系统进行攻击也是很重要的。

第 16 章

不要成为帮凶

恶意行为者在互联网上有很多藏身之处。黑客经常冒充他人并使用被入侵的服务器来逃避检测。本章探讨你的网站可能帮助攻击者摆脱恶意行为的各种方式,即使你不是他们攻击的目标。

确保你不会成为帮凶。实际上,如果黑客将你的系统用作攻击他人的跳板,你将很快发现你的域名和 IP 地址被关键服务列入黑名单,甚至可能最终被主机提供商断网。

本章介绍可能使你成为互联网恶意行为帮凶的几个漏洞。前两个漏洞被黑客用来发送有害电子邮件:骗子经常使用电子邮件地址来伪装发送电子邮件的人,并使用网站上的开放重定向来伪装电子邮件中的恶意链接。

接下来,你将看到如何将你的网站托管在他人页面的框架内,以及如何用作点击劫持攻击的一部分。在这种类型的攻击中,你的网站被用于诱导转向(bait-and-switch)阴谋,以诱骗用户点击有害的内容。

在上一章中,我们学习了黑客如何利用 XML 解析器中的漏洞来触发网络请求。如果攻击者可以制作恶意 HTTP 请求以触发服务器的出站网络访问,则可以启用服务器端请求伪造攻击。你将学习可以发起这类攻击的常见方法以及如何防范这种攻击。

最后,你将了解将恶意软件安装在服务器上以供僵尸网络使用的风险。你可能在不知不觉中托管了可以由攻击者远程控制的僵尸代码!

16.1　电子邮件欺诈

电子邮件使用简单邮件传输协议（SMTP）发送。SMTP 最初设计中的一个主要疏忽是它没有身份验证机制：电子邮件的发件人能够将他们想要的任何电子邮件地址附加到发件人（From）标头中，直到最近，接收代理还无法验证发件人是他们声称的那个人。

结果，我们当然都会收到大量的垃圾邮件。专家估计，所有发送的电子邮件中大约有一半是垃圾邮件，每天发送的垃圾邮件接近 150 亿封。垃圾邮件通常包含不需要的（并且常常是误导性的）营销材料，这会对收件人造成困扰。

与垃圾邮件相关的是网络钓鱼邮件：发件人试图诱骗收件人泄露敏感的个人信息，例如密码或信用卡详细信息。一种常见的技巧是向受害者发送一封电子邮件，邮件的内容类似于所使用网站的密码重置邮件，但具有指向仿冒（doppelganger）域名的重置链接，这个域名站点表面上看起来和真实域名的站点很类似。伪造的站点将帮助攻击者获取用户的凭据，然后将用户重定向到真实的站点，这样受害者就不会知道中间发生了什么。

这种攻击的另一种更恶性的形式是鱼叉式钓鱼攻击，这可以使恶意电子邮件的内容适合于较小的目标群体。发送此类电子邮件的欺诈者经常对受害者进行详细的研究，以便能够指名道姓或冒充同事。根据 FBI 的数据，在 2016 年至 2019 年之间，CEO 欺诈很常见，这种欺诈方式是诈骗者伪装成 C 级高管通过电子邮件要求另一名员工进行转账汇款。黑客通过这种欺诈手段净赚了 260 亿美元。这些数据还只是来自向执法部门报告损失的受害者。

值得庆幸的是，邮件服务提供商已经开发出检测垃圾邮件和网络钓鱼邮件的复杂算法。例如，Gmail 会扫描每封收到的电子邮件，并迅速决定是否合理，将任何看起来可疑的邮件发送到垃圾邮件文件夹。垃圾邮件过滤器在对电子邮件进行分类时使用许多参考：电子邮件和主题行中的关键字、电子邮件域名以及邮件正文中是否存在任何可疑的外发链接。

你的网站和组织可能会从自定义域发送电子邮件，因此你有责任避免你的电子邮件被标记为垃圾邮件，并保护你的用户免受恶意电子邮件的侵害。有两种方法可以做到这一点：实施发件人策略框架（Sender Policy Framework），并在生成电子邮件时使用域密钥标识邮件（DomainKeys Identified Mail）。

16.1.1　实施发件人策略框架

实施发件人策略框架（SPF）需要在 DNS 中列出有权从你的域发送电子邮件的 IP 地址。因为 SMTP 位于 TCP 之上，所以发送电子邮件的 IP 地址不能像 From 标头那样被欺骗。通过在域名记录中明确列出 IP 地址，邮件接收代理将能够验证传入的邮件是否来自允许的源。

代码清单 16-1 显示了如何在 DNS 记录中指定发件人策略框架。

代码清单 16-1　一条将经过授权，可从给定域发送电子邮件的 IP 地址范围列入白名单，作为 SPF 一部分的 DNS 记录

```
v=spf1❶ ip4:192.0.2.0/24 ip4:198.51.100.123❷ a❸ -all❹
```

这将作为 .txt 记录添加到你的域名记录中。在此语法中， v= 参数 ❶ 定义了所使用的 SPF 版本。ip4❷ 和 a❸ 标记指定允许为给定域发送消息的系统：在本例中是一个 IP 地址范围，以及与域本身相对应的 IP 地址（由 a 标记表示）。记录末尾的 -all❹ 标记告诉邮件服务提供商如果上述机制不匹配，则应拒绝该消息。

16.1.2　域密钥标识邮件

域密钥（DomainKey）可用于为外发邮件生成数字签名，以证明电子邮件是从你的域合法发送的，并且在传输过程中没有被修改。域密钥标识邮件（DKIM）使用公钥加密，使用私钥对来自域的传出邮件进行签名，并允许收件人使用 DNS 中托管的公钥来验证签名。只有发件人知道私有签名密钥，因此只有他们才能生成合法签名。邮件接收代理将结合电子邮件的内容和你域中托管的公共签名密钥来重新计算签名。如果重新计算的签名与邮件所附的签名不匹配，则电子邮件将被拒绝。

要实施 DKIM，你需要将 .txt 记录中的域密钥添加到你的域中。代码清单 16-2 展示了一个示例。

代码清单 16-2 （公共）域密钥托管在 DNS 系统中，相应的私钥需要与为该域生成
电子邮件的应用程序共享

```
k=rsa;❶ p=MIGfMA0GCSqGSIb3DQEBAQUAA4GNADCBiQKBgQDDmzRmJRQxLEuyYiyMg4suA❷
```

在本例中，k 表示密钥类型 ❶，p 是用于重新计算签名 ❷ 的公钥。

16.1.3　保护你的电子邮件：实用步骤

你的组织可能会从多个地方生成电子邮件。为响应用户在你网站上的操作而发
送给他们的电子邮件称为事务性电子邮件，它将由你的 Web 服务器触发，通常通过
SendGrid 或 Mailgun 等电子邮件服务生成。手写的电子邮件将通过网络邮件服务（如
Gmail）或网络上的电子邮件服务器系统（如 Microsoft Exchange 或 Postfix）发送。
你的团队可能还使用电子邮件营销或时事通信服务（例如 Mailchimp 或 TinyLetter）
发送电子邮件。

请查阅服务提供商或电子邮件服务器的文档，以了解如何生成和添加实施 SPF
和 DKIM 所需的 DNS 条目。实际上，你可能已经在使用 DKIM，因为许多事务性电
子邮件和营销服务都要求你在注册服务时添加相关的 DNS 条目。作为 SPF 实施的一
部分，锁定 IP 范围和域时，请记住要考虑从你的域发送电子邮件的所有软件！

16.2　伪装电子邮件中的恶意链接

垃圾邮件算法会在电子邮件中寻找恶意链接，为了支持这一点，网络邮件提供
商会不断更新已知有害域的黑名单。扫描这些域的链接是阻止危险电子邮件的一种
常见而有效的方法。

因此，骗子不得不想出新的伎俩来伪装有害链接，以防止他们的电子邮件被标
记并直接发送到垃圾邮件文件夹。一种方法是使用像 Bitly 这样的 URL 缩短服务，
它将以较短的形式对 URL 进行编码，并在用户访问链接时重定向用户。但是，在垃
圾邮件战争不断升级的情况下，电子邮件扫描算法现在可以展开已知 URL 缩短服务
的链接，并检查最终目的地是否有害。

黑客发现了一种巧妙的方法来伪装电子邮件中的恶意链接。如果你的网站可以

被用来伪装互联网上的任意 URL 链接——例如你在网站上的任何地方实施开放重定向，则可能会以 URL 缩短服务相同的方式帮助黑客掩盖恶意链接。这不但可能使用户遭受网络钓鱼诈骗，而且你发送的真实电子邮件也容易被垃圾邮件检测算法列入黑名单。

16.2.1　开放重定向

在 HTTP 中，当 Web 服务器使用 301（临时重定向）或 302（永久重定向）响应代码进行响应并提供浏览器应导航到的 URL 时，将发生重定向。重定向最常见的用途之一是，如果未经身份验证的用户尝试访问站点，则将其发送到登录页面。在这种情况下，该站点通常在用户进行身份验证后将第二个重定向发回原始 URL。

为了启用第二次重定向，Web 服务器必须在用户登录时记住原始目的地。通常，这是通过在登录 URL 的查询参数中编码最终目标 URL 来完成的。如果黑客可以在此查询参数中编码任意 URL（换句话说，如果第二次重定向可以将用户重定向到互联网上的另一个网站），那么就意味着你的网站实施了开放重定向（Open Redirect）。

16.2.2　防止开放重定向

大多数网站都不需要重定向到外部 URL。如果你网站中的任何部分在一个 URL 中编码了另一个 URL，以便将用户重定向到该目标，则应确保这些编码的 URL 是相对 URL 而不是绝对 URL：编码的链接应指向你的站点内部，而不是外部 。

相对 URL 以正斜杠（/）开头，这很容易检查。黑客发现了一些将绝对 UR 伪装成相对 URL 的方法，因此你的代码中需要考虑到这一点。代码清单 16-3 展示了如何通过简单的模式匹配逻辑来检查 URL 是否是相对 URL。

代码清单 16-3　在 Python 中使用正则表达式检查链接是否为相对 URL（网站内部）的函数

```
import re
def is relative(url):
  return re.match(r"^\/[^\/\\]"❶, url)
```

此模式 ❶ 表明 URL 必须以正斜杠开头，并且后面的字符不得为另一个正斜杠或反斜杠（\）。检查第二个字符以防止 //:www.google.com 之类的 URL，浏览器将其解释为绝对 URL ；根据页面当前使用的协议，它们将自动以 http 或 https 作为前缀。

防止开放重定向的另一种方法是完全避免在查询参数内对 URL 进行编码。如果要为登录后的最终重定向编码 URL，可以考虑将 URL 放在临时 cookie 中而不是查询参数中。攻击者无法像在受害者的浏览器中一样轻松地伪造 cookie，这样即可关闭滥用链接的大门。

16.2.3　其他考虑

某些类型的网站确实需要用户发布外部链接。例如，如果你运行一个社交新闻网站，那么你的用户通常会发布指向外部 URL 的链接。如果这适用于你的网站，请使用 Google 安全浏览 API，对照有害网站的黑名单检查每个 URL。

在确保电子邮件和重定向代码安全之后，重要的是确保你的网页不会被包含在其他恶意网站中。让我们看看如何保护你的用户免受点击劫持攻击。

16.3　点击劫持

HTML 通过使用 <iframe> 标签允许一个 Web 页面包含另一个 Web 页面。这允许来自不同网站的内容以受控方式进行混合，因为在框架内的页面上运行的 JavaScript 代码无法访问包含的页面。<iframe> 标签通常用于在网页中嵌入第三方内容，例如 OAuth 和 CAPTCHA（验证码）。

与互联网上任何有用的东西一样，黑客已经找到了滥用 <iframe> 标签的方法。现代 CSS 允许使用 z-index 属性将页面元素叠加在一起。z-index 较高的元素将隐藏 z-index 较低的元素，并首先接收点击事件。也可以使用 opacity 属性把页面元素设为透明。通过组合这些技术，黑客可以将透明的 <div> 放置在 <iframe> 元素上，然后诱使受害者单击 <div> 中存储的任何内容，而不是单击他们认为正在单击的底层内容。

这种点击劫持（clickjacking）已经被以多种方式使用。在某些情况下，受害者被诱骗打开其网络摄像头，这样攻击者就可以远程监视他们。该技术的另一个变种是赞劫持（likejacking[⊖]），这是一种基于 Facebook 的骗局，即受害者被诱使在他们不知情的情况下点击一个指向外部的链接。如果攻击者为了盈利，这个链接可以是一条点击付费的广告链接。

防止点击劫持

如果你运营一个网站，则应确保你的网站未在点击劫持攻击中被用作诱饵。大多数网站永远不需要托管在 `<iframe>` 标签中，你应该直接告诉浏览器这一点。现代浏览器支持 Content-Security-Policy 标头，该标头允许服务器的响应指定页面不应该包含父级框架（frame-ancestors），如代码清单 16-4 所示。

代码清单 16-4　告诉浏览器不要将你的网站托管在框架中的标头

```
Content-Security-Policy: frame-ancestors 'none'
```

实施此策略可以告诉浏览器永远不要将你的网站放在框架中。

如果基于某些原因，你的站点确实需要包含在 `<iframe>` 中，则应告知浏览器允许哪些站点托管此类框架。你可以通过使用相同的 Content-Security-Policy 标头指定网站可以是其自己的父级框架。代码清单 16-5 展示了如何使用关键字 self 允许网站托管指向同一网站其他部分的 iframe。

代码清单 16-5　允许站点托管自身 iframe 的标头文件

```
Content-Security-Policy: frame-ancestors 'self'
```

最后，如果你需要第三方网站在一个框架（frame）中托管你的网站，则可以将各个网站域名列入白名单，如代码清单 16-6 所示。

代码清单 16-6　允许站点托管在 example.com 和 google.com 的 iframe 中的标头文件

```
Content-Security-Policy: frame-ancestors example.com google.com
```

现在你已经学习了如何防止点击劫持，让我们看看攻击者将如何尝试从你的服

⊖　likejacking 通常是针对社交网站的一种攻击手法，攻击者会欺骗用户去点击一个伪造的图标或按钮。如今攻击者已经研究出了大量的方法来把官方的按钮模仿得惟妙惟肖。

务器启动恶意网络请求。

16.4　服务器端请求伪造

发出恶意 HTTP 请求的黑客通常会试图掩盖这些请求从何处发出。例如，将在下一章介绍的拒绝服务攻击在来自许多不同 IP 地址时更有效。如果你的 Web 服务器发出 HTTP 请求，并且黑客可以控制将这些请求发送到哪些 URL，那么你很容易受到服务器端请求伪造（SSRF）攻击，黑客可以使用你的服务器发送恶意请求。

从服务器发出网络请求是需要有一些正当理由的。如果你使用任何类型的第三方 API，那么这些 API 通常作为 HTTPS 上的 Web 服务提供。例如，你可能使用服务器端 API 发送事务性电子邮件、用于搜索的索引内容、在错误报告系统中记录意外错误或处理付款。但是，当攻击者能够操纵服务器调用他们选择的 URL 时，就会出现问题。

当 Web 服务器发出 HTTP 请求的外发 URL 是不安全地从一个发送到服务器的 HTTP 请求的一部分构造而成时，就会出现 SSRF 漏洞。如果他们检测到对其陷阱 URL 的任何 HTTP 请求，他们就会知道这些请求一定是从你的服务器触发的，这样你就很容易受到 SSRF 攻击。

黑客还会检查你网站的任何部分是否接受 XML 内容，并使用 XML 外部实体攻击来尝试提交 SSRF。我们在第 15 章讨论了这种攻击媒介。

服务器端请求伪造防护

你可以在多个层面上保护自己免受服务器端请求伪造。第一步（也是最重要的一步）是审核有关出站 HTTP 请求的全部代码。你几乎总是会提前知道哪些域需要作为 API 调用的一部分进行调用，因此构造 API 调用的 URL 应使用记录在你的配置或代码中的域，而不是来自客户端的域。确保这一点的一种方法是使用通常随大多数 API 免费提供的软件开发工具包（SDK）。

因为你应该遵循纵深防御的做法，以多种重叠的方式保护自己免受漏洞的影响，所以在网络层设置针对 SSRF 的防护措施也是有意义的。将你需要访问的每个域列入防火墙白名单，并禁止所有其他域，这是捕获在代码审计过程中可能忽略的任何安全问题的好方法。

最后，考虑使用渗透测试来检测代码中的 SSRF 漏洞。这可以通过聘请外部团队来发现网站中的漏洞或使用自动化的在线工具来完成。实际上，在黑客有机会自己检测漏洞之前，你应该使用和黑客相同的工具进行检测。

16.5　僵尸网络

黑客总是在寻找更多的计算能力来发动攻击。如果黑客设法破坏你的服务器，那么他们会经常安装一个 bot（僵尸程序）——bot 是一种可以通过远程命令控制的恶意软件。大多数 bot 都作为单个 bot 的点对点网络的一部分运行——这就构成了一个僵尸网络（botnet），bot 之间使用加密协议相互通信。

bot 通常用于感染笔记本电脑等常规个人电子设备。但是设法在服务器上成功安装 bot 是一项巨大的成就，因为该 bot 将拥有更多的计算能力。攻击者通常在暗网上支付高昂的价格来获取允许他们控制僵尸网络的访问密钥。他们通常使用这种计算能力来挖掘比特币或进行点击欺诈（即人为地增加网站的浏览量）。僵尸网络还被用来生成垃圾邮件或进行拒绝服务攻击（将在下一章中介绍）。

防止恶意软件感染

显然，你不希望自己的服务器上被安装任何 bot 恶意软件。我们在第 6 章讨论了命令注入和文件上传漏洞，这些漏洞可能允许黑客在你的服务器上安装 bot。确保遵循本章的建议来避免这类漏洞利用。

此外，你还应该主动保护服务器免受感染。运行最新的防病毒软件将帮助你快速发现任何类型的恶意软件。监视你的传出网络访问将突出显示可疑活动，bot 会定期轮询其他 IP，以寻找其他 bot。你还应该考虑在 Web 服务器上运行完整性检查程序，这是一种用于检查敏感目录中意外文件更改的软件。

如果你使用的是虚拟化服务或容器，那么会有一个优势：系统的任何重建通常都会清除已安装的恶意软件。定期从镜像进行重建可以极大地保护系统免受 bot 的侵扰。

16.6　小结

你可以通过执行以下操作，避免成为黑客攻击互联网上其他人时的帮凶：

❑ 通过在域名记录中实现 SPF 和 DKIM 标头来保护你发送的电子邮件。

❑ 确保你的网站上没有开放重定向。

❑ 通过设置内容安全策略，防止你的网站被托管在 <iframe> 标签中。

❑ 审计你的代码以确保服务器不会被诱骗向攻击者选择的外部 URL 发送 HTTP 请求，并将出站网络访问列入白名单以避免服务器端请求伪造攻击。

❑ 使用虚拟化服务器、病毒扫描程序或漏洞扫描工具来检查和删除僵尸程序。

在下一章中，我们将研究黑客可以用来使 Web 服务器宕机的暴力技术：拒绝服务（Denial-of-Service，DoS）攻击。

第 17 章

拒绝服务攻击

2016 年 10 月 21 日，网民一觉醒来，发现很多自己喜欢的网站都无法访问：Twitter、Spotify、Netflix、GitHub、Amazon 等许多网站似乎都处于离线状态。根本原因是发生了针对 DNS 提供商的攻击。大量的 DNS 查询请求曾经让著名的 DNS 服务提供商 Dyn 无法正常提供服务。Dyn 用了将近一天的时间才完全恢复服务，并且在恢复服务期间还遭遇了两波巨量的 DNS 查询请求攻击。

宕机的规模和影响是前所未有的。唯一一次具有类似影响的事件是一条鲨鱼咬断了海底互联网电缆，使整个越南暂时处于离线状态。然而，这只是常见且越来越危险的拒绝服务（DoS）攻击的最新化身。

拒绝服务攻击不同于本书中讨论的大多数攻击，因为攻击目的并不是要破坏系统或网站，其目的只是使其他用户无法使用。通常是通过对目标站点注入大量入站流量（flood）来实现，因此所有服务器资源都被耗尽。本章将详细介绍拒绝服务攻击中使用的一些常见技术，并介绍防御这类攻击的各种方法。

17.1　拒绝服务攻击类型

与发送网络请求相比，响应网络请求通常需要更多的处理能力。例如，当 Web 服务器处理 HTTP 请求时，它必须解析请求、进行数据库查询、将数据写入日志并构造要返回的 HTML。用户代理只需生成包含三条信息的请求：HTTP 动词、目标 IP 地址和 URL。黑客利用这种不对称性通过网络请求对服务器进行抑制，这样服务器就无法响应合法用户的请求。

黑客已经发现了在网络栈的每一层发起拒绝服务攻击的方法，而不仅仅是使用 HTTP。考虑到他们过去的成功经验，将来可能会发现更多的方法。让我们看看攻击者工具箱中一般会有哪些工具。

17.1.1　互联网控制消息协议攻击

服务器、路由器和命令行工具使用互联网控制消息协议（ICMP）来检查网络地址是否在线。该协议很简单：将请求传输到 IP 地址，如果响应服务器在线，则发回在线状态的确认。如果你曾经使用过 ping 来检查服务器是否可访问，那么你已经在后台使用了 ICMP。

ICMP 是最简单的互联网协议，因此不可避免地，它是第一个被以恶意方式使用的协议。ping 泛洪试图通过发送无穷无尽的 ICMP 请求流来淹没服务器，并且只需几行代码即可启动。稍微复杂的攻击是死亡之 ping（ping of death）攻击，它会发送损坏的 ICMP 数据包以使服务器崩溃。这种类型的攻击通常需要利用旧版的软件，因为这类软件无法正确地对传入的 ICMP 数据包进行边界检查。

17.1.2　传输控制协议攻击

大多数基于 ICMP 的攻击都可以通过现代的网络接口来消除，因此攻击者将目标网络栈移至更高位置的 TCP，这是大多数互联网通信的基础。

TCP 会话从 TCP 客户端向服务器发送 SYN（同步）消息开始，然后服务器用 SYN ACK（同步确认）响应进行回复。然后，客户端通过向服务器发送最后的 ACK 消息来完成握手。黑客通过用 SYN 消息对服务器进行泛洪（SYN flood），而不完成 TCP 握手，从而留下大量的"半开放"连接，耗尽留给合法客户端的连接池。然后，当合法客户端尝试连接时，服务器会拒绝连接。

17.1.3　应用层攻击

应用层攻击是针对 Web 服务器滥用 HTTP。Slowloris 攻击会建立许多到服务器的 HTTP 连接，并通过定期发送部分 HTTP 请求来保持这些连接处于打开状态，从而耗尽服务器的连接池。R-U-Dead-Yet？（RUDY）攻击使用任意长度的 Content-Length 标头值向服务器发送没完没了的 POST 请求，使服务器忙于读取无意义的数据。

黑客还发现了通过利用特定的 HTTP 端点使 Web 服务器脱机的方法。当使用文件上传功能能上传损坏的 zip 文件时可能会耗尽服务器的可用磁盘空间，这是因为损坏的 zip 文件在解压时文件的大小会成倍增长，这称为 zip 炸弹。任何执行反序列化（将 HTTP 请求的内容转换为内存中的代码对象）的 URL 都可能受到攻击。XML 炸弹就是这类攻击的一个例子，我在第 15 章中已经进行了介绍。

17.1.4   反射和放大攻击

发起有效拒绝服务攻击的一个困难是找到足够的计算能力来生成恶意流量。黑客通过使用第三方服务为他们生成流量来克服这一限制。通过向第三方发送带有伪造的属于目标受害者的返回地址的恶意请求，黑客可以将响应反射到其目标，从而可能使服务器无法响应该地址的流量。反射攻击还会掩盖攻击的原始来源，使其更难以确定。如果第三方服务以比初始请求更多数量的响应进行回复，则会放大攻击强度。

迄今为止，最大的拒绝服务攻击之一是使用反射进行的。2018 年针对 GitHub 网站的单个攻击者每秒能够生成 1.3TB 的数据。黑客通过定位大量不安全的 Memcached 服务器并向其发送使用 GitHub 服务器的 IP 地址签名的用户数据报协议（UDP）请求实现了这一目标。每个响应的大小大约是原始请求的 50 倍，从而使攻击者的计算能力以相同的倍数增加。

17.1.5   分布式拒绝服务攻击

如果拒绝服务攻击是从单个 IP 地址发起的，则能相对容易地将来自该 IP 的流量列入黑名单并阻止攻击。但是现代的拒绝服务攻击（如 2018 年对 GitHub 的攻击）来自多种合作来源，这就是分布式拒绝服务（DDoS）攻击。除了使用反射之外，这些攻击通常是从僵尸网络发起的，僵尸网络是感染了恶意软件（僵尸程序）的各种计算机以及与互联网连接的设备，僵尸网络由攻击者控制。因为现在很多类型的设备都连接到互联网上，比如恒温器、冰箱、汽车、门铃、发刷，而且容易存在安全漏洞，所以这些僵尸程序有很多藏身的地方。

17.1.6　无意拒绝服务攻击

并不是所有的互联网流量激增都是恶意的。很常见的情况是，一个网站在短时间内迅速走红，并意外地遇到大量的访问者，实际上使其离线一段时间的原因是它并非为处理如此大的流量而设计。Reddit 的死亡拥抱[一]（hug of death）通常会在小型网站设法到达社交新闻网站的首页时使其离线。

17.2　拒绝服务攻击的缓解措施

防御拒绝服务攻击既昂贵又耗时。幸运的是，你不太可能成为像 Dyn 在 2016 年宕机那种规模的攻击目标。那种攻击需要进行精密的计划，并且只有极少数的对手可以成功防御。你不太可能会在你的食谱博客上看到每秒千亿字节的数据！

但是，较小的拒绝服务攻击和勒索确实会发生，因此需要采取一些保护措施。以下几个小节将介绍你应该考虑使用的一些对策：防火墙和入侵防御系统（IPS）、DDoS 防御服务和具有高扩展性的网站技术。

17.2.1　防火墙和入侵防御系统

所有现代服务器操作系统均随附防火墙——一种可根据预设的安全规则监视和控制传入和传出网络流量的软件。防火墙允许你确定哪些端口应该对传入流量开放，并通过访问控制规则从 IP 地址中过滤流量。防火墙位于组织的网络边界，从而使恶意流量在到达内部服务器之前被过滤掉。现代防火墙可以阻止大多数基于 ICMP 的攻击，并可用于将单个 IP 地址列入黑名单，这是一种关闭来自单一来源的流量的有效方法。

Web 应用防火墙（WAF）工作在网络栈的更高层，它作为代理在 HTTP 和其他互

　　⊖　长期以来 Reddit 一直是营销人员发布病毒式传播的内容的主要社交媒体平台之一，Reddit 的独特之处在于它的工作方式，这为数字营销人员进行推广提供了独特的机会。Reddit 的"死亡拥抱"是指内容在 Reddit 上意外传播进而导致网站不能正常提供服务的情况。——译者注

联网流量传递到网络其余部分之前对其进行扫描。WAF 扫描传入的流量中是否有损坏或恶意的请求,并拒绝任何与恶意签名匹配的请求。由于供应商使签名保持最新状态,因此该方法可以阻止许多类型的黑客攻击尝试(例如,尝试进行 SQL 注入),并可以减轻拒绝服务攻击。除了诸如 ModSecurity 之类的开源实现之外,还有很多商用 WAF 供应商(例如 Norton 和 Barracuda Networks),其中一些供应商销售基于硬件的解决方案。

IPS 采取了一种更全面的方法来保护网络:除了实现防火墙和匹配签名之外,它们还可以查找网络流量中的异常并扫描磁盘上的文件以查找异常变化。IPS 通常是一项重大投资,但可以非常有效地保护你的网络。

17.2.2　DDoS 保护服务

在复杂的拒绝服务攻击中,通常网络数据包与常规数据包是无法区分的。流量是有效的,只是流量的意图和规模是恶意的。这意味着防火墙无法过滤数据包。

许多公司通常会以很高的成本提供针对分布式拒绝服务攻击的防护。与 DDoS 解决方案提供商集成时,你会将所有传入流量路由到其数据中心,在那里它们会扫描并阻止任何看起来是恶意的内容。由于解决方案提供商对恶意互联网活动和大量可用带宽具有全局视图,因此它们可以使用启发式方法来防止任何有害流量到达你的组织。

CDN 通常提供 DDoS 防护,因为它们具有地理上分散的数据中心,并且通常已经为客户托管了静态内容。如果你的大部分需求可以由 CDN 上托管的内容满足,则无须进行额外的工作就可以将其余流量路由到其数据中心。

17.2.3　规模扩展

在许多方面,成为拒绝服务攻击的目标与网站同时吸引许多访问者是无法区分的。通过准备应对大规模流量激增,可以保护自己免受许多拒绝服务攻击尝试。规模扩展(building for scale)是一个很大的主题,关于该主题的书籍有很多,这是一个活跃的研究领域。你应该研究的一些最有效的方法包括卸载静态内容、缓存数据库查询、对长时间运行的任务使用异步处理以及部署到多个 Web 服务器。

CDN 可以减轻向第三方提供静态内容（如图像和字体文件）的负担。使用 CDN 可以显著提高站点的响应能力并减少服务器的负载。CDN 易于集成，对大多数网站来说这是经济高效的，并且将显著减少 Web 服务器必须处理的网络请求量。

卸载静态内容后，数据库访问调用通常会成为下一个瓶颈。有效的缓存可以防止流量激增时数据库过载。缓存的数据可以存储在磁盘、内存或 Redis 或 Memcached 之类的共享内存缓存中。甚至浏览器也可以帮助进行缓存：在资源（例如图像）上设置 Cache-Control 标头会告诉浏览器存储资源的本地副本，并且在可配置的未来日期之前不会再次请求。

把长时间运行的任务卸载到作业队列将有助于 Web 服务器在流量增加时迅速做出响应。这是一种将长时间运行的作业（如生成大型下载文件或发送电子邮件）移动到后台工作进程的 Web 体系架构。这些工人（worker）与 Web 服务器分开部署，Web 服务器创建作业并将它们放入队列。工人将作业从队列中取出，一次处理一个作业，并在作业完成时通知 Web 服务器。可以看一下 Netflix 技术博客（https://medium.com/@NetflixTechBlog/），一个基于这种原则构建的大规模可扩展系统的示例。

最后，你应该有一个部署策略，该策略可以使你相对快速地扩展 Web 服务器的数量，从而可以在繁忙时段提高计算能力。像 Amazon Web Services（AWS）这样的基础架构即服务（IaaS）提供商可以让你方便地在负载均衡设备后面多次部署同一服务器镜像。像 Heroku 这样的平台，只需在他们的 Web 面板上移动一个滑块就可以了！你的托管服务提供商将提供某种方法来监控流量，并且可以使用诸如 Google Analytics（分析）之类的工具来跟踪网站上何时建立会话以及建立了多少会话。然后，当达到监视阈值时，你只需要增加服务器数量即可。

17.3 小结

攻击者使用拒绝服务攻击，通过大规模的流量使网站对合法用户不可用。拒绝服务攻击可以发生在网络栈的任何一层，并且可以被第三方服务反射或放大。通常，它们是由攻击者控制的僵尸网络发起的分布式攻击。

合理的防火墙设置可以消除简单的拒绝服务攻击。应用防火墙和入侵防御系统有助于保护你免受更复杂的攻击。最全面（因此也是最昂贵）的防护来自分布式拒绝服务攻击解决方案提供商，他们将在流量到达你的网络之前过滤掉所有恶意流量。

通过构建具有扩展性的站点，可以缓解所有类型的拒绝服务攻击（包括无意的攻击，比如当你突然看到大量且快速新增访问者时）。内容交付网络可以减轻从站点提供静态内容的负担，有效的缓存可以防止数据库成为瓶颈。将长时间运行的进程移至作业队列将使你的 Web 服务器以最大容量有效运行。主动的流量监控以及轻松扩展 Web 服务器数量的能力将为繁忙时期做好准备。

到此就结束了你将在本书中看到的所有单个漏洞！最后一章将总结本书涵盖的主要安全原则，并概述各个漏洞以及如何防范这些漏洞。

第 18 章

总　　结

本书中涵盖了很多内容，你现在应该觉得已经准备好架设一个安全的网站了。最后，让我们简要回顾一下。本章将介绍 Web 安全的 21 条戒律，可帮助你记住每章的关键内容。按照这些简单的步骤进行操作，你被黑客入侵的可能性可接近于零。

1. 自动化发布流程

能够通过单个命令行调用来编译代码。将你的代码置于源代码管理中，并确定分支策略。将配置与代码分开，这样易于构建测试环境。在每个版本发布之前，请使用测试环境来验证功能。自动将代码部署到每个环境。确保你的发布过程可靠、可重现和可恢复。始终知道每个环境上正在运行哪个版本的代码，并能够以简单的方式回滚到以前的版本。

2. 进行代码审计

在每次批准发布之前，请确保至少有一位不是原始开发者的团队成员对代码更改进行审计。确保团队成员有时间认真评估代码更改，并了解审计代码与编写代码同样重要。

3. 测试你的代码

编写单元测试以对代码库的关键部分进行肯定，然后作为编译过程的一部分运行它们。每次更改时，都要在连续集成（CI）服务器上运行单元测试。测量运行单元测试时执行的代码库的百分比，并始终尝试增加覆盖率。在修复错误之前，编写测试来重现软件错误。

4. 预测恶意输入

HTTP 请求的所有部分都可能被黑客操纵，因此应该做好准备。使用参数化语句构造对数据库和操作系统进行查询，这样就可以防止注入攻击。

5. 取消文件上传

如果你的用户可以将文件上传到你的网站，则需要确保这些文件无法被执行。理想情况下，请将文件上传到内容交付网络（CDN）。如果你需要对文件的更多细粒度权限，请将它们托管在内容管理系统（CMS）。不得已时，将上传的文件保存在单独的磁盘分区中，并确保它们没有以可执行的权限写入磁盘。

6. 编写 HTML 时对内容进行转义

攻击者通过将 JavaScript "走私" 到数据库中或将其隐藏在 HTTP 参数中来尝试将恶意代码注入你的网页中。确保写入网页的任何动态内容均已经过转义——用安全的实体编码替换 HTML 控制字符。这同时适用于客户端和服务器端！ 如果可能，请使用 Content-Security-Policy 响应标头完全禁用内联 JavaScript 的执行。

7. 对来自其他站点的 HTTP 请求持怀疑态度

源自其他域的 HTTP 请求可能是恶意的——例如，攻击者可能欺骗了你的一个用户单击伪装的链接。确保对站点的 GET 请求没有副作用：它们应仅用于检索资源。通过将防伪 cookie 合并到 HTML 表单以及 JavaScript 发起的任何 HTTP 请求中，确保其他类型的请求（例如用于启动登录的 POST 请求）源自你的网站。通过将 SameSite 属性添加到 Set-Cookie HTTP 响应标头，实现从你的 Web 域之外发起的请求中删除 cookie。

8. 对密码进行加盐和哈希处理

如果需要将密码存储在数据库中，请先使用强大的单向哈希函数（例如 bcrypt）对密码进行加密，然后再保存，并使用盐（salt）为每个哈希函数添加随机元素。

9. 不要承认你的用户是谁

唯一应该知道用户是否已注册你网站的人是用户自己。确保登录表单和密码重置页面不允许黑客在你的网站挖掘用户列表：无论用户名是否存在，要保持错误信息的通用性。

10. 保护你的 cookie

如果攻击者可以窃取你的 cookie，那么他们就可以劫持你用户的身份。将 HttpOnly 关键字添加到 Set-Cookie 响应标头中，这样恶意 JavaScript 就无法读取 cookie。添加 Secure 关键字，以便仅通过 HTTPS 发送 cookie。

11. 保护敏感资源（即使没有链接到敏感资源）

在 HTTP 请求返回敏感资源之前，检查用户是否有权限访问站点上的任何敏感资源，即使该资源未在搜索页中列出或从未在其他位置链接到。

12. 避免使用直接文件引用

避免在 HTTP 请求中传递和计算文件路径。使用 Web 服务器的内置 URL 解析来评估资源的路径，或使用不透明的标识符引用文件。

13. 不要泄露信息

最大限度地减少攻击者了解你的技术栈的信息量。关闭 HTTP 响应中的任何 Server 标头，并确保会话参数名称在 Set-Cookie 标头中是通用的。避免在 URL 中使用说明性的文件后缀。确保在生产环境中关闭详细的客户端错误报告。混淆你在编译过程中使用的 JavaScript 库。

14. 正确地使用加密

为你的域名购买安全证书，并将其与你的私有加密密钥一起安装在 Web 服务器上。将所有流量转移到 HTTPS，并将 Secure 关键字添加到 Set-Cookie 响应标头中，以确保 cookie 永远不会通过未加密的 HTTP 发送。定期更新你的 Web 服务器，以保持加密标准处于最新状态。

15. 保护依赖项（和服务）

在编译过程中，使用程序包管理器导入第三方代码，并将每个程序包固定为特定的版本号。关注你所使用的软件包的安全公告，并定期进行更新。在源代码管理之外安全地存储你的配置！对你托管的任何广告使用 SafeFrame 标准。

16. 消除 XML 解析器

在 XML 解析器中关闭对内联文档类型声明的处理。

17. 安全地发送邮件

通过使用域记录中的发件人策略框架（SPF）记录，将那些允许从你的域发送电子邮件的服务器列入白名单。允许邮件收件人验证你发送的任何电子邮件的 From 地址，并使用 DomainKeys Identified Mail（DKIM）检测篡改电子邮件的尝试。

18. 检查重定向（如果有）

如果重定向到存储在 HTTP 请求中的 URL（例如，在用户登录后），请检查确认该 URL 是你自己的域的，而不是外部域的。否则，这些开放重定向将被用于掩盖电子邮件中的恶意链接。

19. 不允许在框架中托管你的网站

除非你有特殊需要，否则不要将你的网站放在 `<iframe>` 中。通过向 HTTP 响应中添加 `Content-Security Policy: frame-ancestors 'none'` 来禁用框架。

20. 锁定权限

遵循最小权限原则，确保每个进程和软件组件以所需的最小权限运行。想一想如果攻击者入侵了你系统的任何部分，他们可能会做什么。确保你的 Web 服务器进程未以 root 操作系统账户运行。限制你的 Web 服务器可以访问的磁盘目录。防止来自 Web 服务器的不必要的网络调用。让你的 Web 服务器使用受限的账户连接到数据库。

21. 检测并为流量激增做好准备

使用实时监控来监测网站的高峰流量。通过使用 CDN、客户端 cookie、缓存和异步处理来实现规模扩展。确保能够轻松扩展托管你站点的服务器数量。如果恶意流量成为问题，请部署防火墙或入侵防御系统，或考虑购买分布式拒绝服务防护解决方案。

推荐阅读

网络安全与攻防策略：现代威胁应对之道（原书第2版）

作者：[美] 尤里·迪奥赫内斯 [阿联酋] 埃达尔·奥兹卡 ISBN：978-7-111-67925-7 定价：139.00元

Azure安全中心高级项目经理 & 2019年网络安全影响力人物荣誉获得者联袂撰写，美亚畅销书全新升级

为保持应对外部威胁的安全态势并设计强大的网络安全计划，组织需要了解网络安全的基本知识。本书将带你进入威胁行为者的思维模式，帮助你更好地理解攻击者执行实际攻击的动机和步骤，即网络安全杀伤链。你将获得在侦察和追踪用户身份方面使用新技术实施网络安全策略的实践经验，这能帮助你发现系统是如何受到危害的，并识别、利用你自己系统中的漏洞。

ATT&CK与威胁猎杀实战

作者：[西] 瓦伦蒂娜·科斯塔–加斯孔 ISBN：978-7-111-70306-8 定价：99.00元

资深威胁情报分析师匠心之作，360天枢智库团队领衔翻译，重量级实战专家倾情推荐；基于ATT&CK框架与开源工具，威胁情报和安全数据驱动，让高级持续性威胁无处藏身。

本书立足情报分析和猎杀实践，深入阐述ATT&CK框架及相关开源工具机理与实战应用。第1部分为基础知识，帮助读者了解如何收集数据以及如何通过开发数据模型来理解数据，以及一些基本的网络和操作系统概念，并介绍一些主要的TH数据源。第2部分介绍如何使用开源工具构建实验室环境，以及如何通过实际例子计划猎杀。结尾讨论如何评估数据质量，记录、定义和选择跟踪指标等方面的内容。